21世紀の化学シリーズ④

戸嶋直樹
渡辺 正
西出宏之 編集
碇屋隆雄
太田博道

生命化学

太田博道
古山種俊
佐上 博 ［著］
平田敏文

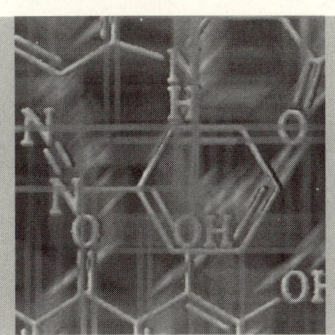

朝倉書店

シリーズ編集委員

戸 嶋 直 樹	山口東京理科大学基礎工学部 物質・環境工学科
渡 辺 　 正	東京大学生産技術研究所 物質・環境部門
西 出 宏 之	早稲田大学理工学術院 応用化学専攻
碇 屋 隆 雄	東京工業大学大学院理工学研究科 応用化学専攻
＊太 田 博 道	慶應義塾大学理工学部 生命情報学科

＊本巻の担当編集委員

執筆者

＊太 田 博 道	慶應義塾大学理工学部 生命情報学科	[1,6章]
＊古 山 種 俊	東北大学多元物質科学研究所 融合システム研究部門	[2,3,4章]
佐 上 　 博	東北大学多元物質科学研究所 融合システム研究部門	[2,3,4章]
平 田 敏 文	広島大学大学院理学研究科 数理分子生命理学専攻	[5章]

＊本巻の執筆責任者

はじめに

　有機化学のそもそもの始まりは「生体物質の化学」であるから生命化学そのものであったと言える．しかし，Wöhler が無機化合物から尿素を合成して以来，有機化合物と生体物質はイコールではなくなった．有機化学は analysis だけではなく，synthesis の側面を色濃く持つようになり，近年まで発展の一途をたどっている．

　一方，生物学は有機合成化学の発展につれて有機化学と袂を別にしたかと言えば決してそんなことはない．19世紀末に Buchner が酵母の無細胞抽出液でも糖から二酸化炭素とエタノールができることを発見してから「生体物質の化学」は単に生物が作り出すものを調べるだけでなく，生物体内でどのような化学反応が起こっているのかを追求し始めた．これが「生化学」の発達である．20世紀の前半は解糖系や TCA サイクルといった基本的な代謝経路の流れを明らかにすることに多くの努力が注がれている．本書の3章，4章では，生体内で重要な役割をしている物質と多くの生物に共通しているこれらの基本的代謝反応について解説されている．「大腸菌のことがわかると象のことがわかる」と冗談半分に言われた頃の基本的事項である．

　1953年に DNA の構造について二重らせんが提案され，生物学は「分子生物学」の時代に入っていくが，「分子」という名前から容易に想像できるように有機化学とは切っても切れない関係になっている．また化学の領域で，分析機器の発達が著しく，それまででは到底できないような微量物質の単離や構造決定が可能になってくると，次々と新しい生理活性物質が発見されるようになった．それまでに知られている生体高分子や代謝産物だけでなく，実に多種多様な分子が様々な機能を果たしていることが次第に明らかになってきている．これらの化合物は，あるものは生命機能の謎解きにとって大きなマイルストーンとなり，生命現象が次第に化学の言葉で語られるようになってきていると言ってよい．また，あるものは医薬品として人類の福祉に貢献している．合成化学の発達は天然化合物よりはるかに活性の強いものを作り出すことにも成功している．

　DNA からタンパク質へどのようなからくりで情報が翻訳されているか，代表的生理活性物質にはどのようなものがあり，どんな働きをしているかを2章と5章に概説した．

　生体物質と合成化合物の相互作用を研究するときキラリティのことは極めて重要である．生体の方がほとんどの場合キラルであるからである．このような要求と有機合成化学の精密化が可能ならしめたことから，1970年代から光学活性物質の選択的合成が有機合成化学の重要なテーマの一つになっている．時を同じくして生体内の触媒である酵素が様々な人工化合

物に作用し得ることが明らかとなり，光学活性体の合成に積極的に利用されるようになってきている．「生体触媒」とか「biotransformation」というキーワードも市民権を得ていると言える．まだまだ工業的に利用されている例は多いとは言えないが，決して「まれ」でもない．やがてそう遠くない将来に化石資源だけに頼る化学工業が成り立たなくなることを見据えれば，その観点からも再生可能な炭素源を生体触媒によって変換することは今後重要になっていくと考えられる．この分野の基本事項を6章にまとめてある．

　ヒトのゲノム（全DNA）の塩基配列が解読され，今やポストゲノム時代と言われる．コンピュータの指数関数的発達に伴って生命科学の研究から得られる膨大なデータの取り扱いが可能になり，生命体を「システム」として捉えようとする「systems biology」という分野が発展しつつある一方，小分子とタンパク質やDNA，糖との相互作用を通して生命機能の秘密にアプローチしようという「chemical biology」という分野も盛んになってきている．有機化学の進む方向はナノテクノロジーというキーワードに代表されるように精密な高機能を目指す分野とともに，生命科学との融合も大切な領域であろう．いずれにせよすべての基本となる物質の変換や合成の中核的学問である有機化学に携わる研究者・技術者は，周辺領域の人々と「垣根のない会話」ができることが自身の活躍できる場を広げるために欠かせないことである．本書がその意味で少しでも読者の役に立てば幸いである．

2005年 初秋

著者一同

目 次

1 生体反応の巧みなからくり
- ●1章で学習する目標 …………………………………………1
- 1.1 DNAの二重らせんの秘密 ……………………………1
- 1.2 DNAとRNAはなぜ異なる糖を使うのか ……………3
- 1.3 DNAは居眠りがお好き …………………………………4
- 1.4 アミノ酸はなぜ光学活性体でなければならないか ……5
- 1.5 水の中でのエナンチオ選択的プロトン化と水酸化 ……5
- 1.6 酵素の基質特異性：厳密でありしかもflexibleである …7
- 1.7 mother natureは有機反応論を知っている ……………8
- 1.8 有機化学から生体反応へ，そして生体反応を有機化学へ …9
- ●1章のまとめ ………………………………………………9

2 遺伝子と酵素
- ●2章で学習する目標 ………………………………………11
- 2.1 DNAとRNAの構造 …………………………………11
- 2.2 セントラルドグマ ………………………………………14
- 2.3 酵素の機能とアミノ酸側鎖 ……………………………19
- 2.4 酵素反応の動力学 ………………………………………21
- ●2章のまとめ ………………………………………………23

3 生体分子の化学
- ●3章で学習する目標 ………………………………………25
- 3.1 アミノ酸とタンパク質 …………………………………25
- 3.2 糖 質 ……………………………………………………29
- 3.3 脂 質 ……………………………………………………30
- 3.4 核 酸 ……………………………………………………34
- ●3章のまとめ ………………………………………………36

4 代謝反応と生化学

- ●4章で学習する目標 ……………………………………………………38
- 4.1 解 糖 系 …………………………………………………………38
- 4.2 TCA サイクル（クエン酸サイクル，クレブス回路） ……………40
- 4.3 ペントースリン酸サイクル ……………………………………41
- 4.4 電子伝達系 ………………………………………………………43
- 4.5 脂質の代謝と生合成 ……………………………………………45
- 4.6 アミノ酸の代謝と合成，分解 …………………………………50
- 4.7 代謝の調節と発酵 ………………………………………………55
- 4.8 光 合 成 …………………………………………………………57
- ●4章のまとめ ……………………………………………………………61

5 天然の生理活性物質

- ●5章で学習する目標 ……………………………………………………63
- 5.1 生体機能をコントロールする天然有機化合物 ………………63
- 5.2 シグナル伝達に関与する生理活性物質 ………………………64
- 5.3 動物ホルモン：生体内で生命機能をコントロール …………64
- 5.4 植物ホルモン：植物の発育や老化をコントロール …………73
- 5.5 フェロモン：仲間の行動をコントロール ……………………78
- 5.6 植物のアポトーシス：自分の死をコントロール ……………80
- 5.7 機能調節反応に直接的に関与する生理活性物質 ……………82
- 5.8 ビタミン類の化学構造：アミンの構造でないものもある？ …83
- 5.9 ビタミン類が調節する生化学反応 ……………………………86
- ●5章のまとめ ……………………………………………………………98
- ●5章の問題 ………………………………………………………………98

6 合成化合物の酵素による変換

- ●6章で学習する目標 ……………………………………………………100
- 6.1 生体触媒とは何か ………………………………………………100
- 6.2 生体触媒の特徴 …………………………………………………101
- 6.3 生体触媒による加水分解反応とエステル交換反応 …………103
- 6.4 生体触媒による酸化反応 ………………………………………115
- 6.5 生体触媒による還元反応 ………………………………………125
- 6.6 生体触媒による C—C 結合の生成反応 ………………………130

6.7　神様の生体触媒からヒトがデザインした生体触媒へ ……………135
6.8　抗原抗体反応と抗体への触媒機能の付与 …………………142
●6章のまとめ ………………………………………………145
●6章の問題 …………………………………………………145

索　引 ……………………………………………………………147

1 生体反応の巧みなからくり
水溶液中の有機化学反応：生体反応の巧みさ，現象の面白さ…

キーワード　DNA　mRNA　RNAポリメラーゼ　二重らせん構造
デオキシリボ核酸　リボ核酸　リン酸エステル結合　ヌクレオチド
フェノタイプ　ゲノタイプ　光学活性体　酵素　エナンチオ選択的
疎水性反応場　基質特異性　biotransformation

● 1章で学習する目標

　生命体は数多くの有機化合物の混合物である．それにもかかわらず，必要な反応が整然と起こり，その動的平衡の上に生体の秩序は保たれている．私たちは食物として食べた魚や肉を分解して自分の栄養にすることはできる．しかし，自分の体を構成するタンパク質を分解したりはしない．構成成分であるアミノ酸はもちろんまったく変わらない．DNAの情報をRNAに転写するとき酵素は決してリボースとデオキシリボースを間違えたりしない．両者の違いは糖の2位に水酸基があるかないかの違いだけである．フラスコの中で行う有機化学反応と比べると正に"神業"である．しかも，反応条件は非常に温和で，水溶液中の反応であるといえる．この巧みなトリックはすべて酵素触媒の制御下にあるし，その酵素のアミノ酸組成を決めるのは，DNAの情報までさかのぼる．
　本章では生体反応の巧みさを有機化学の眼でみて感じてほしい．

1.1　DNAの二重らせんの秘密

　DNAの二重らせん構造は1953年にWatsonとCrickによってはじめて報告された．その美しい構造はあまりにも有名である．DNAの情報は**mRNA**として翻訳されることによって最終的にはタンパク質として発現される．RNAをつくる酵素である**RNAポリメラーゼ**が認識するDNA鎖は1本である．その限りにおいてDNAは何も2本鎖でなくてもよい．事実，RNAの方は1本鎖で機能している．ではなぜDNAはわざわざ2本になっているのだろうか．これは生き物にとってもっとも重要なことに関係している．

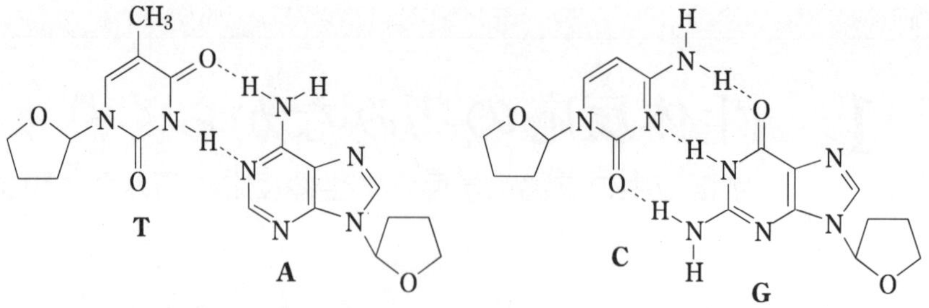

図 1.1 DNA の二重らせんを形成する A-T, G-C のペア

　DNA の **二重らせん構造** は，配列がまったく関係ない 2 本の鎖からできているわけではない．A, T, G, C の 4 種類の核酸塩基のうち必ず A と T, G と C がペアになっている．これは図 1.1 にみるように，水素結合によってペアをつくりやすいもの同士がペアになっているのである．何も"化学的結合力"に逆らってむりやり酵素という仲人によって一緒にさせられたのではなく，ほうっておいてもくっつきたがるものがペアを組んでいるのである．

　タンパク質のアミノ酸配列を DNA の塩基配列で規定するという役割だけを考えれば，暗号として読み取られる方の鎖の塩基配列のみが意味をもつので，他方の鎖の塩基配列はなんでもよいことになる．ならば，水素結合を生成しやすいもっとも熱力学的に有利なものを選択するのがもっとも賢いやり方であることは容易に納得できる．

　ここまでの説明で 2 本鎖を形成しなければならない必然性はまったく説明されていない．この点を理解するためには DNA が有するもう一つの重要な役割を考えてみなければならない．

　それは子孫あるいは分裂して生ずる新たな細胞に"種"としての遺伝情報

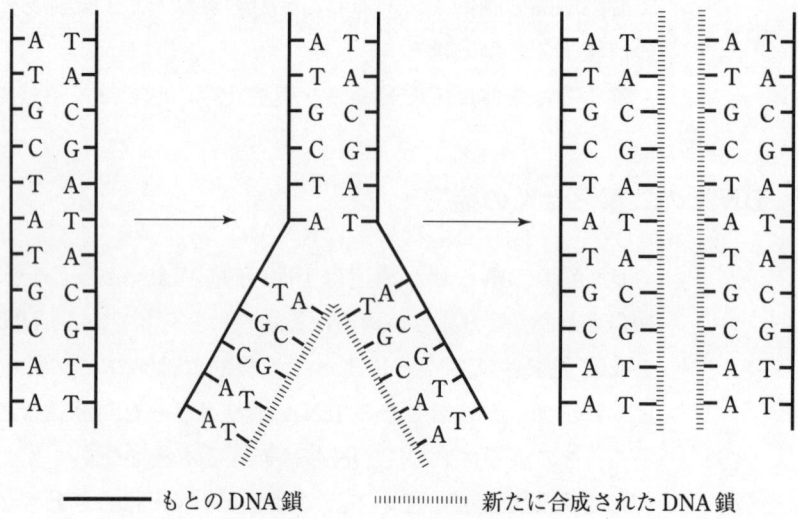

　　　　── もとの DNA 鎖　　　┈┈┈┈ 新たに合成された DNA 鎖

図 1.2 DNA の複製の機構

を伝えるということである．このためにはDNAはもう1対コピーをつくらなければならない．寸分違わぬ精確なコピーでなければならない．このときA-T, G-Cのペアが決まっていることは大変都合がよい．図1.2をみていただきたい．もとの鎖を実線で，新たに合成されてくる鎖を点線で示してある．二重鎖になっているということは，2本新しい鎖をつくらなければならないことを意味する．部品は2倍必要で一見むだにみえる．しかし，酵素はまったく同じコピーをつくる代りに，ほうっておいてもペアをつくる部品（たとえばAがあったらTがもっとも結合しやすい）をつなげていけばよいのである．こうすると最終的にでき上がった2本の二重らせんはオリジナルとまったく同じものができている．すなわち二重らせん構造とは遺伝情報を子孫に伝える際に間違える可能性をもっとも小さくするためのトリックだったのである．

1.2 DNAとRNAはなぜ異なる糖を使うのか

　DNAとは**デオキシリボ核酸**の略である．一方，RNAは**リボ核酸**の略号である．すなわち後の章でみるように，この二つでは糖としてデオキシリボースを使うかリボースを使うかという違いがある．DNAから新たなDNAが合成されれば，それは細胞分裂を意味する．DNAを鋳型にしてRNAが合成されれば，それはその細胞内でタンパク質が合成されることを意味する．まるで違うイベントが起こるのである．もちろんこの反応を触媒する酵素は違う．これらの2種類の合成酵素がお互いの役割分担をきちんと識別するために，DNAとRNAは違う糖を使う必要があったと考えることができる．逆に水酸基1個あるかないかで酵素は間違いなくDNAとRNAの部品の区別をすることができるということである．酵素反応とはそれくらいの厳密性を有するものであるといえる．

　では，区別のために水酸基の有無の違いが必要ならDNAとRNAの構造は逆でもよいかというと，決してそんなことはない．DNAは2位に水酸基をもっていてはならないし，RNAはもっていなければならないのである．自然は気紛れにこれら二つの核酸の構造を決めているのではない．

　DNAとRNAの役割を考えてみよう．DNAはその細胞が生きている間その構造のまま存在し続けなければならない．すなわち化学的に安定でなければならない．一方，RNAが"存在し続ける"とその生物は困ってしまう．たとえば人の成長ホルモンが永遠に分泌され続け，成長が止まらなかったら大変なことになる．生体が適切なバランスをもった平衡状態であるためには，生体内の物質量は適当に増えたり減ったり，生成したり消滅したりしな

ければならないのである．そのためにはRNAの量がそれに対応して調節されなければならない．すなわちRNAは適度な不安定性を有し，分解されなければならないのである．分解とはバラバラになってしまうという意味ではなく，**リン酸エステル結合**が加水分解で切れてまたもとの"部品"である**ヌクレオチド**に戻ることを意味する．2位に水酸基が存在するためP—O結合が切れて生ずるオキシアニオンが隣接位の水酸基のプロトンによって安定化されるためRNAの方がはるかに加水分解されやすいのである（図1.3）．さすが神様のデザインであると感心させられる．

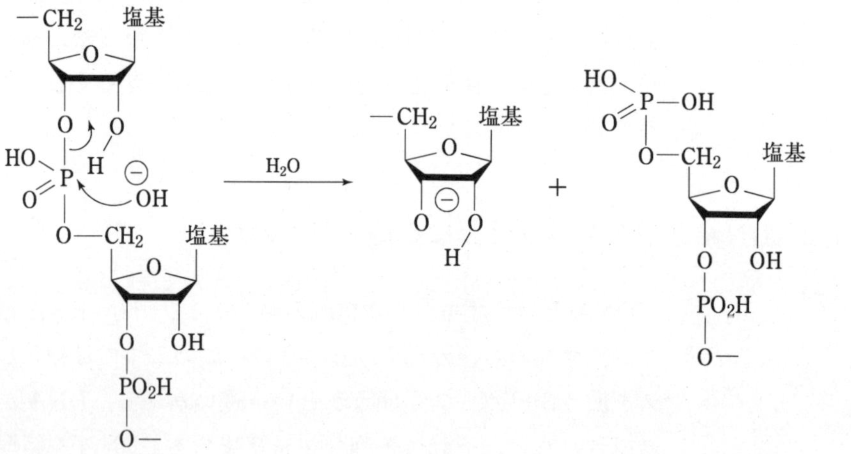

図 1.3　RNA の加水分解

1.3　DNA は居眠りがお好き

　動物でも植物でも命の始まりは1個の受精卵である．それが分裂を繰り返し，細胞数が増加するにしたがって動物ならいろいろな臓器ができたり，手足が生えたりする．植物なら葉ができたり，根が生えたりする．どの細胞にも同じDNAがあるはずなのに，この劇的な違いはどう説明できるのだろうか．各細胞内のDNAの情報はすべて読み取られているわけではないのである．むしろ情報として発現されず，眠っている方が多いくらいである．各細胞によって発現している情報が異なるので**発現型**（フェノタイプ）が異なり，心臓は心臓として，足は足として働いているのである．

　微生物のような単細胞生物でも必ずすべてのDNAの情報がRNAに転写されているわけではなく，環境に応じて必要な遺伝子のみが活躍しているのである．様々な環境の中で生きていくために普段は余力をもって生活しているともいえる．後に述べる生命機能の有機化学への応用では，微生物の潜在能力を引き出すことが成功への重要な鍵となる．

1.4 アミノ酸はなぜ光学活性体でなければならないか

生体内の物質には不斉炭素を有するものが少なくない．タンパク質を構成するアミノ酸も典型的な例である．20種類のうちグリシンを除く19種類が不斉炭素を有し，すべて純粋な**光学活性体**である．光学活性体を通常の有機化学で合成するのは容易なことではない．なぜわざわざ光学活性体を材料にしてタンパク質をつくるのだろうかと思われるかも知れない．これにも必然性がある．簡単な例としてアミノ酸2個の結合を考えてみよう．

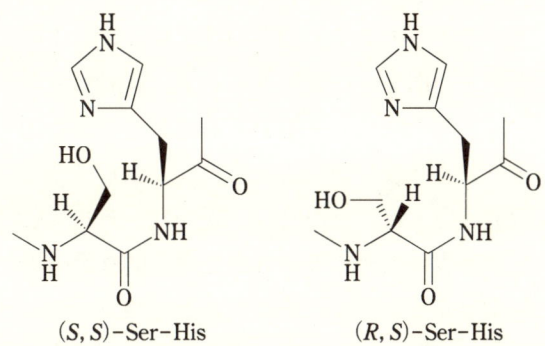

図 1.4 　相対立体は位置の違いによるアミノ酸側鎖の相互作用の違い

図1.4に示すセリンとヒスチジンの天然型（S, S体）と非天然型（R, S体）である．明らかに2種の異性体では側鎖の官能基の相対的位置関係が異なる．その結果基質に対する相互作用が異なるであろう．酵素はフラスコの中での反応に比べれば，比較的弱い酸，塩基，水素結合，疎水性相互作用などの総合的な共同作用によって反応を加速している．したがって，アミノ酸残基の相互作用に違いがあるということは決定的な違いである．一方は触媒作用を有するが，一方は不活性であるという結果になる．生合成された酵素タンパク質がすべて有効な作用を有するためには，どうしてもジアステレオマーの混合物であってはならないのである．したがって，部品はラセミ体ではなく純粋な光学活性体でなければならない．

逆に医薬品や農薬等生理活性を目的とした化合物はタンパク質へ何らかの作用をするのであるから，光学活性体でなければならないことも理解できると思う．

1.5 水の中でのエナンチオ選択的プロトン化と水酸化

酵素が本来の基質の反応を触媒するとき，その反応の立体選択性は極めて

高い．生体内では余計なものも一緒につくって，その後必要なものだけ分けて，というようなのんきなことはいっていられない．何しろ系全体が莫大な数の化合物の混合物である．だから必要なものだけつくることは生きていくために必須である．

というわけで，反応がエナンチオ選択的になることにはもはや驚かないとしても，水の中での反応であるにもかかわらず水酸化物イオンやプロトンの付加が**エナンチオ選択的**であることは酵素反応の特徴として強調しておく．

典型的な例として，TCA サイクルの反応の一つであるクエン酸からイソクエン酸への異性化反応を取り上げよう（図 1.5）．この反応の中間体は cis-アコニット酸である．要するに 1 分子の水が脱離して再び水が付加するとき，逆から付加するので異性化反応になるのである．この後半の反応は不斉炭素を 2 個生ずる反応であるが，両者ともエナンチオ選択的である．溶媒の水は水酸化物イオン源でもあるしプロトン源でもある．したがって，反応が本当に水溶液中の反応であれば，HO^- や H^+ に囲まれているのだから立体選択的反応とはなり得ない．逆の言い方をすれば，上記の反応は酵素の活性部位が溶媒の水から隔離された**疎水的な反応場**であることを示している．酵素触媒はこのような特殊な反応場を用意することによって独自のエナンチオ選択性を実現しているし，また一般的有機化学反応が溶媒和された状態で進行することと比べても極めて特徴的である．

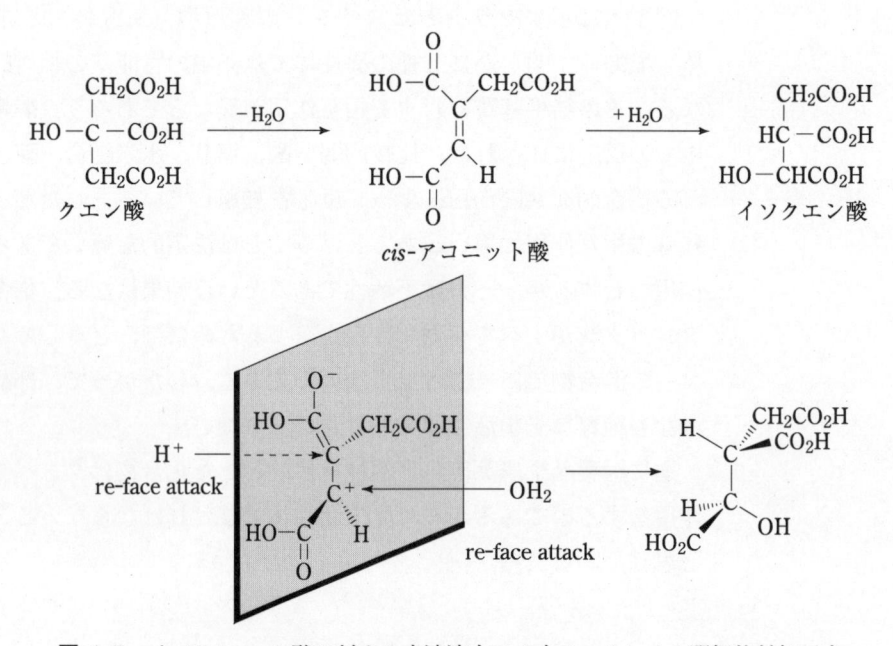

図 1.5 cis-アコニット酸に対する水溶液中での水のエナンチオ選択的付加反応

1.6 酵素の基質特異性：厳密でありしかも flexible である

パンをつくるときには，フワフワに膨らませる目的でパン酵母を使う．この酵母は分類学的にはビールやワインをつくるときに使われるものと同じで，*Saccharomyces cerevisiae* という種である．この酵母は解糖系の最終段階でアセトアルデヒドをエタノールに還元する．驚くべきことにこの反応がエナンチオ選択的である．

このことは図 1.6 に示すようにデューテリウムを含むアセトアルデヒドを基質とすると明らかになる．基質が活性部位に結合する際，カルボニル基の酸素は水素結合で特定の部位に固定されるであろうし，実際の還元剤である還元型補酵素の結合部位も決まっているから H^- が近付く方向も決まっている．したがって，反応がエナンチオ選択的であるということは，Dとメチル基がきっちり特定のポケットに結合していることを意味する．この両者は大きさで識別する以外にないだろう．ということは，水素が結合するポケットはとても小さくて，メチル基は入り得ないことを示している．したがって，この酵素を使ってケトンを還元することは諦めざるを得ないことになる．

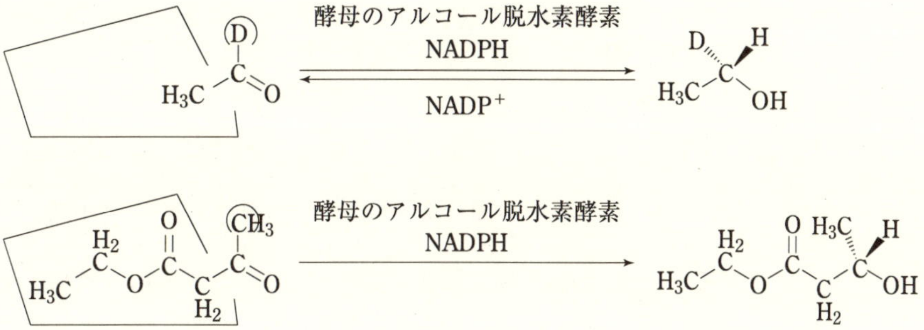

図 1.6　酵母のアルコール脱水素酵素（yeast alcohol dehydrogenase）による還元反応のエナンチオ選択性

ところが事実は異なる．たとえば図 1.6 に示したアセト酢酸エチルは良好な基質で，エナンチオ選択的に還元されて光学活性アルコールを与える．反応の立体化学はアルデヒドの還元と同じである．このことは，先程メチル基は入り得ないと述べたポケットにメチル基が結合していることになる．

この酵素にとってアセトアルデヒドは本来の基質であり，アセト酢酸エチルはそうではない．このように酵素は本来の基質に作用する場合，ときに必要以上に厳密な選択性（アセトアルデヒドの還元ではエナンチオ選択性はまったく必要ない）を示す一方，本来の基質ではない合成基質を相手にするときは逆に信じがたい程の寛容さや **flexibility** を発揮するものなのである．

1.7 mother nature は有機反応論を知っている

これまでの反応では，酵素は魔法使いであるかのような印象をもたれるかも知れないが，それは反応の"選択性"に関するものであり，反応そのものは有機化学的常識から逸脱するものではない．そんな一面を示す反応を一つ紹介しておこう．

解糖系の初期の反応にグルコースからジヒドロオキシアセトンリン酸とグリセルアルデヒド-3-リン酸を生成する反応がある（図1.7）．解糖系とはグルコースをピルビン酸に導く代謝反応である．炭素6個のグルコースを炭素3個の化合物にし，変換するのであるからできるだけ温和な条件下でC3—C4の結合を切断しなければならない．なぜその前にグルコースからフルクトースへの異性化が必要なのであろうか．その理由を考察してみよう．

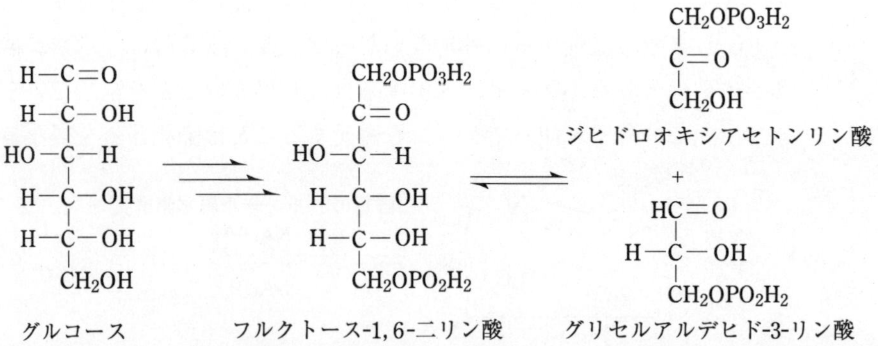

図 1.7 酵素によるレトロアルドール反応

C—C結合を温和な条件で切断するのは，レトロアルドール反応が最適である．C3—C4でC—C結合を切断するのにこの反応を利用するには，カルボニル基の位置は2位でなければならない．そこで，いわば有機化学のセオリーにそって必要な変換反応を行うための準備段階が糖の異性化反応だったというわけである．酵素だからといって決して無理をしているわけではない．

C—C結合が切断した後の生成物をみていただきたい．カルボニル基の位置が違うだけで互いに異性体である．したがって，グルコースをフルクトースに異性化したようにどちらか一方に異性化することができれば，その後のピルビン酸への代謝経路は一つで済むことになる．二つ別ルートで変換して行くよりは能率がよいことは自明である．ピルビン酸がカルボン酸であることを考えれば，どちらかの末端の酸化度が高い方が好ましい．実際にもジヒドロオキシアセトンリン酸がグリセルアルデヒド-3-リン酸に異性化して，次のステップに踏み出すのである．さすが神様の知恵である．

1.8 有機化学から生体反応へ，そして生体反応を有機化学へ

　これまでみてきたように，生体反応は決して魔法のようなことをやっているわけではなく，理にかなった方法で温和な制限された条件下で必要な変換反応をやっていることがわかった．一つのアミノ酸残基の作用では及ばないことが多いので，たいていは共同作業である．これらの反応を詳細に調べると，40億年という気の遠くなるような時間をかけて生命機能がいかに能率を向上させてきたか感じることができるであろう．逆にその"からくり"を探ることはこれまでとはまったく異なる角度から有機化学を理解することに役に立つであろう．

　2章以下ではDNAからいかにして酵素タンパク質が合成されるか，その酵素によって生体内でどのような反応が起こっているのかについて学ぶ．生命体を構成する化合物やその機能の維持に必須のいくつかの重要な化合物群について特徴や働きを学ぶことになろう．

　これらの化合物について理解することはまた，生命機能を人為的にコントロールすることにつながる．生命機能をコントロールすることは健康維持，医療，食糧増産などにつながるが，そのためには的確な作用を有する化合物をデザインしなければならない．

　生命体の反応を学ぶことは，単に自然の巧妙な仕掛けや工夫に感嘆するだけでなく，様々な面で応用につながる．その一つが生命機能の有機化学への利用である．ごくわずかな例ではあるが，酵素は合成基質を相手とするとき意外なほど寛容性をみせることを学んだ．このような場合でも基質と酵素の複合体が生成していることには間違いない．したがって，酵素活性部位内では基質のコンホメーションはある特定の形に規制されていて，エナンチオ選択性は高いことも珍しくない．

　最近は，省エネルギー型でむだなものをつくらず，できるだけ原子効率の高い物質変換法が"グリーンケミストリー"として求められている．生命機能を利用する物質変換法（**biotransformation**）はこの方向への一つの解答である．まだまだ大量合成への応用例は少ないが，ファインケミカルへの利用は確実に増えつつある．その実例を学び，今後の糧としたい．

● 1章のまとめ

　　（1）　細胞の中での反応は化学的にみれば水溶液中の混合物での反応である．それにもかかわらず必要な反応だけが整然と進行している．このことを可能にし

ているのは生体内の反応が酵素という触媒の作用で進行しているからである．たとえばDNAとRNAでは，糖としてデオキシリボースを使うかリボースを使うか水酸基1個の有無を酵素は厳密に識別している．

（2） DNAはその生物が生きていくために必要な情報をすべて含んでいるが，その情報が等しく発現されているわけではない．高等生物では器官によって細胞の働きが異なるのは容易に理解できる．これはある特定の情報だけが発現されているからである．単細胞生物でも環境によって発現されるDNAの情報が異なり，この方法でも生物は効率よく生きているといえる．

（3） 酵素は厳密な基質特異性を有するが，そのことから想像できるほどリジッドな構造はしていない．生体内の物質については非常に厳密に見分けているが，その酵素が合成化合物に対しても作用して反応を触媒することからもこのことは明らかである．あるいは酵素はまずは基底状態の基質を取り込むにもかかわらず，反応の遷移状態をより強く認識してそのエネルギーを下げると考えられている．この事実からも酵素がフレキシブルであることがうかがえる．

（4） 酵素はこのように一般的化学反応と比べると非常に特異なからくりで反応を促進している特殊な触媒に思えるかもしれないが，生体内の反応を有機反応論の観点から詳細に検討すると，非常に合理的な機構で触媒活性を発揮していることがわかる．

2 遺伝子と酵素

キーワード　DNA　RNA　セントラルドグマ　酵素　アミノ酸側鎖

● 2章で学習する目標

　地球上で生息する生命体は，それぞれの遺伝子を親から子供に伝えることにより種を保存してきている．1953年にその遺伝子の本体が二重らせん構造のDNAであることが解明され，それから半世紀後の今日，大腸菌をはじめとする微生物そして高等生物である私たちヒトの遺伝子DNAの全塩基配列が解読された．引き続き次々と細菌から高等生物にわたるそれらの遺伝子DNAの解析が行われている．

　遺伝子DNAは個々の生命体の設計図であり，その塩基配列は4種の核酸塩基（アデニン，チミン，シトシン，グアニン）の並びである．この様々な並び方の違いが表現型として個々の生命体に反映される．

　本章では，その遺伝子設計図（DNA）とはどのようなものなのか，そしてその設計図がどのように使われているのかを化学構造の側面から理解する．

2.1　DNAとRNAの構造

　われわれを含めて少なくとも現在の地球上に生息する生物は親から子へとそれぞれのDNAの設計図を基に遺伝情報を伝え，世代交代を行っている．その**DNA**とはdeoxyribo nucleic acidの略である．図2.1に，5′位と3′位と矢印で示した逆方向の2本の鎖が，それぞれの鎖から5員環糖に結合している4種の塩基の水素結合を介して，結合している構造を平面的に示した．実際の立体構造では，その2本鎖はらせん構造になっている．

　DNAはその鎖の骨格の一部になっている5員環の糖（リボース，ribose）が**デオキシ体**（2-デオキシリボース）になっていることを特徴とする．DNAの塩基には，化学構造的にプリン環であるアデニン(A)とグアニン(G)そしてピリミジン環であるシトシン(C)とチミン(T)の4種類がある．全体として一つの鎖の骨格はデオキシリボースとリン酸が交互にリボース部分の5′

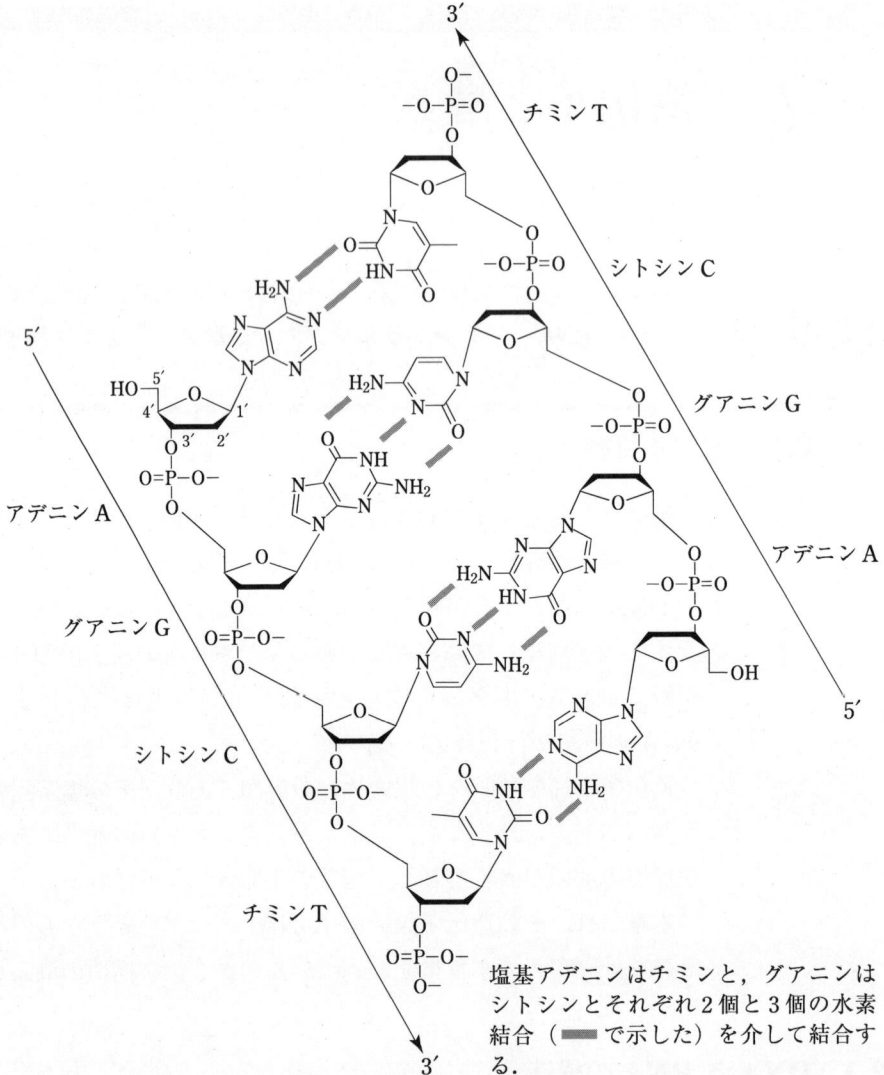

図 2.1 DNA の構造：デオキシリボースを基本骨格の単位とする DNA は相補鎖と通常強く水素結合し 2 本鎖のらせん構造をとる．

塩基アデニンはチミンと，グアニンはシトシンとそれぞれ 2 個と 3 個の水素結合（━━ で示した）を介して結合する．

位と 3′ 位でエステル結合していることになる．それぞれの 5 員環デオキシリボースの 1′ 位で A, T, G, C のいずれかの塩基が N-グリコシド結合している．

Watson と Crick により，DNA が 2 本鎖で構成され，二つの DNA 鎖は逆平行に配置していることが示されたが，この 2 本の DNA 鎖の塩基間には水素結合による塩基対が形成されている．それぞれの二つの鎖から出ている塩基のアデニンとチミンは二つの水素結合で安定化し，また同様にシトシンとグアニンは三つの水素結合で安定化している．これらは相補的塩基対形成とよばれているが，それぞれの塩基の英語表示での頭文字を用いてその相補関係を A–T 塩基対，そして G–C 塩基対という．この水素結合による相補関

2.1 DNA と RNA の構造

係により長い2本の鎖の DNA は極めて安定ならせん構造をとる．

図 2.2 に示すように，**RNA**（ribo nucleic acid）は構造的には DNA と同様であるが，5員環糖の2位の炭素に水酸基（OH）が結合していることを特徴とする．5員環糖のリボースは 3′ 位と 5′ 位でリン酸基を挟んで DNA と同じように結合し RNA の骨格を形成している．またリボースの1位で塩基との *N*-グリコシド結合も同様であるが，DNA の場合と大きく異なる塩基は4種の塩基のうちの1種，チミンである．RNA においてはこのチミンの5位のメチル基がないウラシルになっている．

RNA は原則的に1本鎖だが，通常，鎖が詰まった構造をとり，遺伝情報の**翻訳**過程に重要な役割を担っている．**メッセンジャー RNA**（mRNA）は遺伝子（DNA）からの情報の転写体として機能し，また**転移 RNA**（tRNA）は mRNA からタンパク質を生合成する（翻訳過程）際の各アミノ酸の運搬役として機能する．リボソーマル RNA（rRNA）は，同様に翻訳過程で

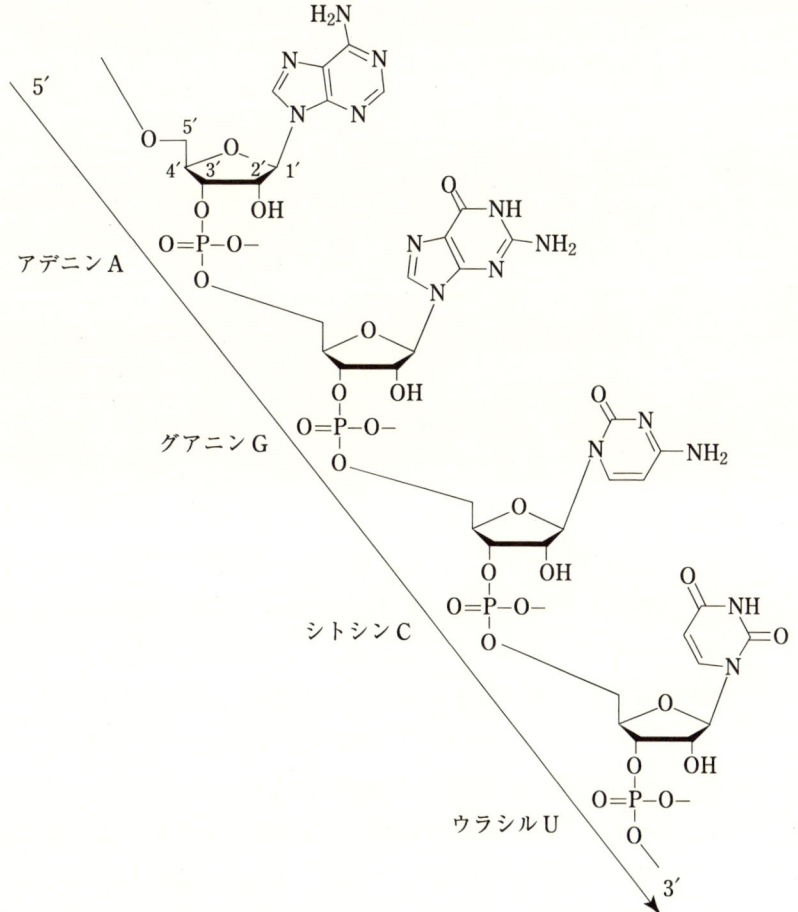

図 2.2　RNA の構造：2位に水酸基をもつリボース（ribose）を基本単位として，通常1本鎖で存在している．

tRNA に結合したアミノ酸の合成に関与している．分子内部で水素結合を結んで，特定の構造をとり，その 3′ 末端にアミノ酸を結合した tRNA では，タンパク質を構成する 20 種のアミノ酸に対応したものが存在する．

2.2 セントラルドグマ

設計図 DNA を基にわれわれ生物がどのように構築されているのか，ということに対して，多くの研究から**セントラルドグマ**として受け入れられてきている一つの考え方がある．DNA の塩基配列としての情報は，まず一次情報としての mRNA に写される．これは"転写"とよばれる．そしてその一次情報は，次に特定のアミノ酸配列をもつタンパク質へと伝わる．これは"翻訳"とよばれる．

タンパク質それ自身のもつアミノ酸配列という情報（一次構造という）は mRNA の方に逆行して伝わることはない．図 2.3 に示すように，DNA の遺伝子情報が mRNA に転写され，タンパク質に翻訳されるという考え方をセントラルドグマという．

$$DNA \xrightarrow{転写} mRNA \xrightarrow{翻訳} タンパク質$$

遺伝暗号　　　メッセンジャー　　構造, 機能高分子

図 2.3　セントラルドグマ

化学構造的にこのセントラルドグマをみてみよう．図 2.4 に mRNA の構造の一部を示した．この構造は，図 2.1 に示した二重鎖 DNA の左下の鎖の遺伝情報（核酸塩基のならび順，この場合は A-G-C-T）が右上の DNA 鎖を鋳型にして転写された場合を示す．この転写において，DNA の一次情報は 1 本鎖の mRNA に伝わるが，この鎖では 5 員環からなる糖の 2′ 位に水酸基のついたリボースが基本骨格であり，また DNA でのチミン塩基に相当するものがウラシル塩基となっている．この mRNA は，その連続する三つの塩基ごとに相補する tRNA の 3 塩基（**アンチコドン**）を使って水素結合する．後述するようにこれが 20 種類のアミノ酸のうちの一つを指定して，DNA の遺伝情報をアミノ酸配列に"翻訳"するのである．この水素結合の場合，図 2.1 に示した 1 本鎖 DNA 同士での A-T そして G-C の相補関係ではなく，mRNA と tRNA の間の RNA 同士の結合となるので，その相補関係は A-U そして G-C となる．図 2.5 に tRNA の全体構造を示す．

tRNA の 3′ 末端ヌクレオチド配列は共通して CCA になっており，末端に位置するアデニン塩基をもつリボースの 3′ 位の水酸基がアミノ酸とエステ

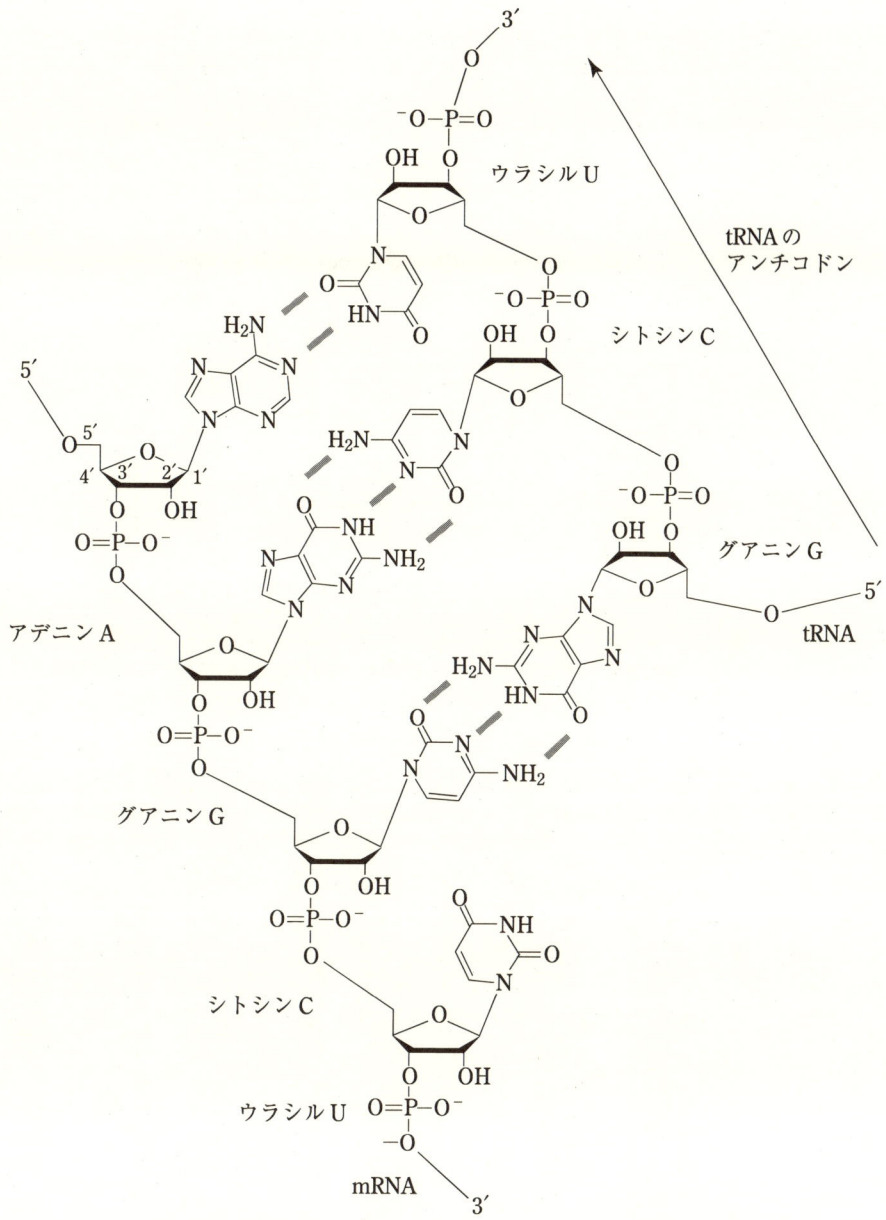

図 2.4 mRNA と tRNA のアンチコドンとの水素結合構造

ル結合している．標準的な tRNA は 76 ヌクレオチドからなり，5′ 末端から数えて 34, 35, 36 番目に相当する三つの連続するヌクレオチドがアンチコドンとなっている．mRNA の連続する三つのヌクレオチド配列（トリプレット配列）は，20 種のアミノ酸の結合したそれぞれの tRNA のアンチコドンと結合する．個々のアミノ酸とそのトリプレット配列の関係は，**遺伝暗号コドン**として解明されてきている．図 2.6 にそのコドン表を示す．

トリプレット配列は mRNA の 5′ 末端からの並びであり，三つのヌクレオ

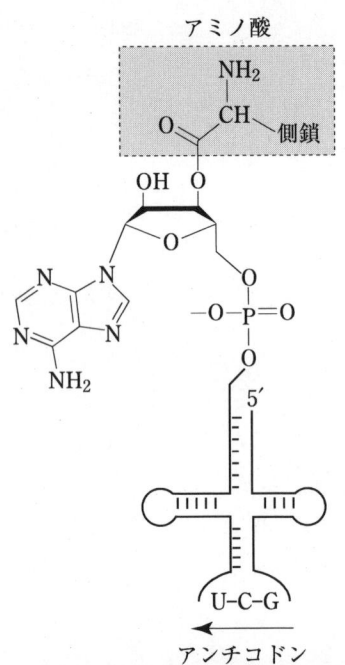

図 2.5 tRNA の構造：3′末端は tRNA に共通して CCA 配列になっている．図では A に相当するアデニンヌクレオチド構造を一部表示した．アンチコドン配列（GCU）は，コドン（AGC）に対応するもので示した．

一番目の塩基		二番目の塩基				三番目の塩基
		U	C	A	G	
	U	UUU F UUC F UUA L UUG L	UCU S UCC S UCA S UCG S	UAU Y UAC Y UAA 終止 UAG 終止	UGU C UGC C UGA 終止 UGG W	U C A G
	C	CUU L CUC L CUA L CUG L	CCU P CCC P CCA P CCG P	CAU H CAC H CAA Q CAG Q	CGU R CGC R CGA R CGG R	U C A G
	A	AUU I AUC I AUA I AUG M	ACU T ACC T ACA T ACG T	AAU N AAC N AAA K AAG K	AGU S AGC S AGA R AGG R	U C A G
	G	GUU V GUC V GUA V GUG V	GCU A GCC A GCA A GCG A	GAU D GAC D GAA E GAG E	GGU G GGC G GGA G GGG G	U C A G

図 2.6 遺伝子暗号表（コドン表）：遺伝子 DNA（デオキシリボ核酸）から読みとられる mRNA（リボ核酸）のトリプレット配列に対応する，アンチトリプレット配列をもつ tRNA に結合しているアミノ酸（一文字表記）コドン表という．終止コドン UAA，UAG，UGA は，それぞれオーカー，アンバー，オパールと名づけられている．

チドで指定されるアミノ酸を一文字表記で示してある．20種のアミノ酸に関しては表 2.1 に示した．AUG は M と示されるメチオニン，また UGG は W と示されるトリプトファンに対応する．これらは，トリプレット配列と 1：1

2.2 セントラルドグマ

表 2.1 20 種類のアミノ酸表示

アミノ酸	amino acid	三文字表記	一文字表記
アラニン	alanine	Ala	A
アルギニン	arginine	Arg	R
アスパラギン	asparagine	Asn	N
アスパラギン酸	aspartic acid	Asp	D
システイン	cysteine	Cys	C
グルタミン酸	glutamic acid	Glu	E
グルタミン	glutamine	Gln	Q
グリシン	glycine	Gly	G
ヒスチジン	histidine	His	H
イソロイシン	isoleucine	Ile	I
ロイシン	leucine	Leu	L
リシン	lysine	Lys	K
メチオニン	methionine	Met	M
フェニルアラニン	phenylalanine	Phe	F
プロリン	proline	Pro	P
セリン	serine	Ser	S
トレオニン	threonine	Thr	T
トリプトファン	tryptophane	Trp	W
チロシン	tyrosine	Tyr	Y
バリン	valine	Val	V

の対応になっているが，L と示されるロイシンでは UUA，UUG，CUC，CUU，CUA と CUG のトリプレット配列が対応し，1:6 の多重になっている．

翻訳開始のコドンはメチオニンを指定する AUG であり，翻訳終了のコドンは UAA，UAG と UGA である．DNA から mRNA に転写された遺伝情報は，三つずつの塩基配列から読みとられる．20 種類のアミノ酸のうちの指定されたアミノ酸の結合している tRNA（アミノアシル-tRNA）を遺伝情報にしたがって順次取り入れることにより，tRNA のアミノ酸部分は次々とアミノ酸のポリマー（タンパク質）として合成（翻訳）される．これらの反応はリボソームという巨大な細胞内小器官である複合体内で進行し，DNA から転写された一次情報である mRNA はタンパク質に正確に伝えられることになる．このセントラルドグマによる遺伝情報の伝達方式は地球上のあらゆる生物において基本的に同一である．

【発展】 セントラルドグマの修正

DNA からの情報が一次情報として RNA に転写されることは地球上のあらゆる生物で共通であるが，各種の生物に寄生して増殖するウィルスの中には RNA を遺伝情報にもつものが多く発見された．そのウィルスは宿主（たとえばわれわれヒトの細胞）に入り込み，自身のもつ RNA から宿主の mRNA 翻訳マシーンを使って逆転写酵素というタンパク質をつくりあげてしまう．この酵素を使って，自身の RNA から DNA を合成し，宿主細胞 DNA 内に取り込まれることが

明らかになった．このことから，初期のセントラルドグマに対しての修正が必要である．タンパク質から RNA に情報が戻ることはないが，RNA の情報は生物によって逆行して DNA に戻る場合がある．

自然現象としての遺伝暗号

私たち地球上の生物は子孫を残すということで生き延びている．そこに潜む自然がとった戦略の中に，DNA の 4 種の核酸配列をうまく利用してタンパク質中の 20 種のアミノ酸に対応させたことがある．その結果として生じ，そしてもっとも高度に進化した生物と考えられるわれわれヒトによって，ついにその対応関係が明らかにされた．すなわち遺伝暗号の解読である．単純に 4 種の核酸を用いて順列組合せを行ってみよう（図 2.6 参照）．

1 列目には 4 種類の核酸（A，T，G あるいは C）が配列しうる．続けて 2 列目にも同様に 4 種類の核酸が配列しうる．組合せを考えてみれば，1 列だけなら 4 種類の可能性，2 列までなら 4 種類×4 種類で 16 種類の組合せの可能性，そして 3 列目までなら 4 種類×4 種類×4 種類で 64 種類の組合せの可能性となる．生物がタンパク合成に用いているアミノ酸は 20 種類存在しており，2 列 16 種類の組合せではなく，3 列 64 種類の組合せにより，20 種類のアミノ酸を指定している可能性が高いと予想された．そして研究された結果，予想どおり 3 列の組合せ，つまりトリプレットでアミノ酸一つが対応していた．いくつかの 3 列組合せで共通のアミノ酸を指定しているものもあり，64 種類のうち 61 種類がアミノ酸を指定するのに使われており，残り 3 種類，mRNA では UAA，UGA と UAG が終止コドンに対応している．

【例題 2.1】 遺伝子 DNA が，下に示す塩基配列の場合，翻訳される可能性のあるタンパク質（ペプチド）のアミノ酸配列をアミノ酸一文字表示で表せ．

5′-AAATCCAATGGAGAAGACTCAAGAAACAGTCCAAAGAATTCTTCT-3′
3′-TTTAGGTTACCTCTTCTGAGTTCTTTGTCAGGTTTCTTAAGAAGA-5′

[解答] DNA 二重鎖のどちらかが mRNA に転写されその後翻訳される．それぞれの mRNA について 5′ から 3′ 方向に向かって，3 とおりの読み枠を考え，アミノ酸配列は N 末端から C 末端方向になる．

上に示した鎖の場合の mRNA

5′-AAA/UCC/AAU/GGA/GAA/GAC/UCA/AGA/AAC/AGU/CCA/AAG/AAU/UCU/UCU-3′
  K S N G E D S R N S P K N S S

5′-A/AAU/CCA/AUG/GAG/AAG/ACU/CAA/GAA/ACA/GUC/CAA/AGA/AUU/CUU/CU-3′
  N P M E K T Q E T V Q R I L

5′-AA/AUC/CAA/UGG/AGA/AGA/CUC/AAG/AAA/CAG/UCC/AAA/GAA/UUC/UUC/U-3′
   I Q W R R L K K Q S K E F F

下に示した鎖の場合の mRNA （5′ から 3′ 方向で示してある）

5′-AGA/AGA/AUU/CUU/UGG/ACU/GUU/UCU/UGA/GUC/UUC/UCC/AUU/GGA/UUU-3′
  R R I   L W T V S * V F S I G F

5'-A/GAA/GAA/UUC/UUU/GGA/CUG/UUU/CUU/GAG/UCU/UCU/CCA/UUG/GAU/UU-3'
　　　E　　E　　F　　F　　G　　L　　F　　L　　E　　S　　S　　P　　L　　D

5'-AG/AAG/AAU/UCU/UUG/GAC/UGU/UUC/UUG/AGU/CUU/CUC/CAU/UGG/AUU/U-3'
　　　K　　N　　S　　L　　D　　C　　F　　L　　S　　L　　L　　H　　W　　I

　このDNA配列はヒトのクロモソーム第一番に存在するゲラニルゲラニル二リン酸合成酵素遺伝子の一部であり，酵素タンパク質としては，上から二段目のメチオニンから始まるMEKTQETVQRIL……として翻訳されている．終止コドンは＊で表している．

2.3　酵素の機能とアミノ酸側鎖

　DNAの情報がmRNAとtRNAを介して表現されるタンパク質の合成では，アミノ酸のカルボキシル基に対して次にくるアミノ酸のアミノ基とのペプチド結合で，アミノ酸が順次連結し，その一次構造が形成される．図2.7にペプチド結合で形成されたあるタンパク質の一次構造の一部分を示すが，その構造が取り得る三次元構造は極めて多様である．生体内では個々のタンパク質が生理的機能をもつために三次元的にそれぞれ特有な立体構造をとっている．

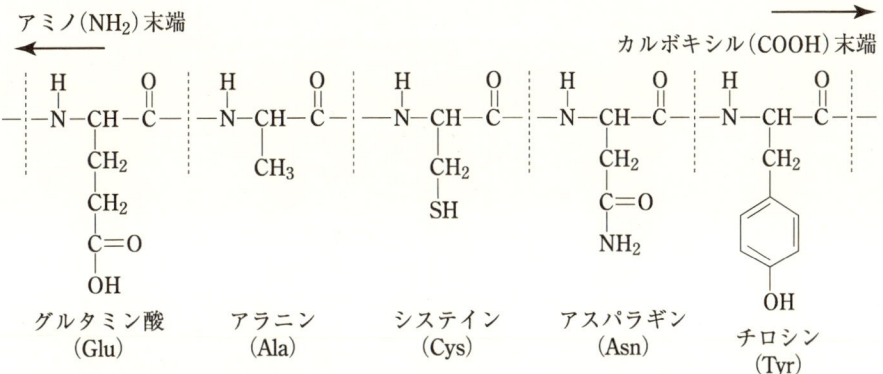

図 2.7　タンパク質の一次構造：アミノ酸がペプチド結合し，それぞれのアミノ酸の側鎖の違いにより個々のタンパク質が特徴づけられる．

　生体内での化学反応を触媒するタンパク質を酵素とよぶ．アミノ酸のポリマーである**酵素タンパク質**は，触媒作用を受ける基質分子を立体特異的に（鍵と鍵穴の関係といわれる）厳密に認識・結合する**基質結合部位**，また，触媒作用に直接作用するアミノ酸の側鎖を立体特異的に配置させた**活性部位**という各酵素に特有の大きなくぼみ構造（空間ポケット）をもっている．

活性部位で触媒活性が発現される際，それぞれの側鎖がどのように使われるのかは酵素によって異なる．たとえば，グルタミン酸（Glu）の側鎖にはカルボキシル基があり，水分子と親和性をもつが，アラニン（Ala）の側鎖はメチル基であり水分子ははじかれる．システイン（Cys）の側鎖は別のシステインとS—S結合して立体構造維持に役立つ．アスパラギン（Asn）の側鎖は糖修飾される場合があり，またチロシン（Tyr）の側鎖にある水酸基は直接の酵素触媒反応に関与し，またリン酸基で修飾される場合もある．これら異なる側鎖をもったそれぞれのアミノ酸は，アミノ基（NH_2）とカルボキシル基（COOH）を利用して—CONH—のペプチド結合で結合する．

　各種生物間で同種の触媒機能をもつ酵素の構造研究では，どのアミノ酸配列が保存されてきているかという観点から進化をたどることができる．進化上変異せずに保たれているアミノ酸配列が，特定の酵素を特徴づけている場合が多いが，この保存配列が特定の酵素タンパク質の機能を探る上で重要である．今日までに，多くの酵素タンパク質が結晶化され，そのX線結晶構造解析がなされ，三次元構造が解明されている．この解析から，酵素機能の全貌が三次元的に分子レベルで理解できるようになってきた．

【発展】 酵素の分類

　酵素はその触媒する反応の種類によって大きく6種類に分類される．多くの酵素は通常，その基質の名前の後に"-アーゼ（-ase）"という接尾語をつけてよば

表2.2　酵素の国際命名法

分類	名前	触媒する反応	例
1	オキシドレダクターゼ	電子の転移 $A^- + B \rightarrow A + B^-$	アルコールデヒドロゲナーゼ
2	トランスフェラーゼ	官能基の転移 $A-B + C \rightarrow A + B-C$	ヘキソキナーゼ
3	ヒドロラーゼ	加水分解 $A-B + H_2O \rightarrow A-H + B-OH$	トリプシン
4	リアーゼ	C-C，C-O，C-N結合などの切断，二重結合をつくることが多い $\underset{\underset{X}{\mid}\ \underset{Y}{\mid}}{A-B} \rightarrow A=B + X-Y$	ピルビン酸デカルボキシラーゼ
5	イソメラーゼ	分子内転移（異性化） $\underset{\underset{X}{\mid}\ \underset{Y}{\mid}}{A-B} \rightarrow \underset{\underset{Y}{\mid}\ \underset{X}{\mid}}{A-B}$	マレイン酸イソメラーゼ
6	リガーゼ （またはシンターゼ）	ATPの加水分解を伴う結合の生成 $A + B \rightarrow A-B$	ピルビン酸カルボキシラーゼ

れているが，古くからの慣用名でよばれるものや複数の異なった名前をもつものも多く存在する．酵素名を合理的につけるために，酵素命名法（enzyme nomenclature）が国際的に定められている．

このシステムではすべての酵素は6つの分類主群のいずれかに属する（表2.2）各酵素は四つの数字からなる特有の分類番号で区別される．たとえばトリプシンは 3.4.21.4 という EC（enzyme commission）番号をもつが，最初の番号(3)はこれがヒドロラーゼであることを示し，2番目の番号(4)はこれがペプチド結合を切断するプロテアーゼであることを示し，3番目の番号(21)は活性部位に必須なセリン残基が存在するセリンプロテアーゼであることを示し，4番目の番号(4)はこれがこのクラスの酵素で4つ目に同定されたものであることを示している．

比較のために記しておくが，アルコールデヒドロゲナーゼの EC 番号は1.1.1.1である．

【発展】 リボザイム

mRNA 情報が tRNA を介してタンパク質に翻訳される過程は，リボソームという巨大な細胞内小器官である複合体の中で進行する．この複合体に関しての詳細な研究により，それがタンパク質と RNA を成分とすることがわかってきた．その RNA は rRNA（リボソマール RNA）であり，その生合成過程の研究から RNA 自身が触媒となって自己スプライシングされることが明らかになっている．RNA 自身に酵素（エンザイム）と同様に触媒機能があるということから，その RNA をリボザイムという．これは，生命の起源を考える上で大きなヒントを与えてくれる．現在存在する生物では，DNA から RNA そしてタンパク質にその情報が指令される DNA を中心とする世界から成り立っているが，その生命誕生以前には RNA あるいはタンパク質から成る世界があったのではないかと考えている研究者もいる．

2.4 酵素反応の動力学

酵素内に活性部位として形成される空間ポケット（くぼみ）では，反応を受ける化合物（基質）が入るとすぐさま反応が進行し，反応を受けた化合物（生成物）はそのポケットから出される．ポケット内にあるアミノ酸側鎖の官能基がその反応に直接参加するが，反応後はもとに戻り，何度も同じ反応を繰り返すことができる．その酵素触媒機能を利用して様々な物質の代謝が生体内で起きている．どのようにそれらの代謝が制御されているのかを理解する上でも個々の酵素の機能の解明が必要である．そのためには基本的な酵素反応を理解することが重要となる．

酵素反応の速度論はミカエリス-メンテンの式で一般に理解されている．**ミカエリス-メンテンの式**は図2.8に示す仮定に基づく．

$$E + S \underset{k_{-1}}{\overset{k_1}{\rightleftarrows}} ES \overset{k_2}{\longrightarrow} E + P$$

酵素（E）は基質（S）と結合し，**酵素-基質複合体**（ES）を形成する．ES

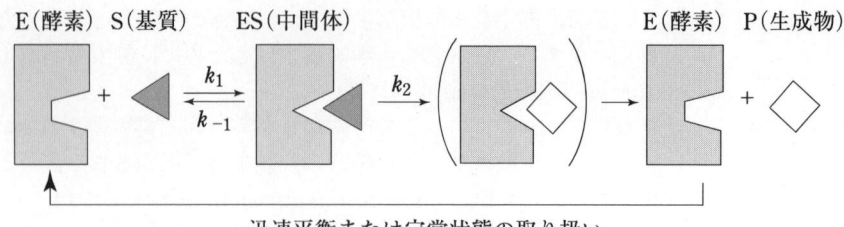

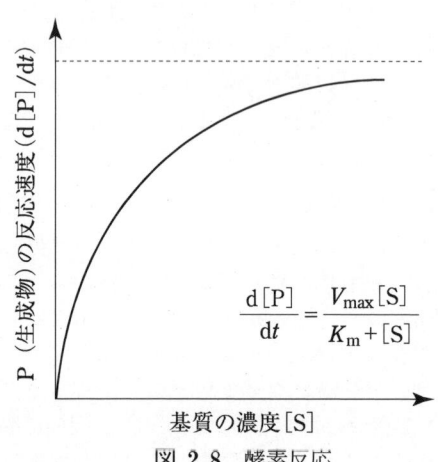

図 2.8 酵素反応

複合体は再び E+S に解離もするし, 反応が進んで E と生成物(P)になる. k_1, k_{-1}, k_2 は触媒過程の各素反応の速度定数である. 迅速平衡の考えによれば S の濃度が十分高い状態では複合体 ES の濃度は常に一定になり, P の生成速度が一定となる. つまり酵素基質複合体 ES からの生成物 P への反応に比べて, K という平衡定数に支配される E と S からの反応と ES から E と S に解離する反応がとても速い. この場合質量作用の法則により $[E][S]/[ES]=k_{-1}/k_1=K$ が成立する.

酵素反応の速さ v は $v=k_2[ES]$ で表され, また酵素全体の濃度 $[E]_0$ は $[E]_0=[E]+[ES]$ で表されるので,

$$v=\frac{k_2[S][E]_0}{K+[S]}$$

となる. $k_2[E]_0$ の $[E]_0$ は基質 S が過剰に存在し, すべての酵素 E が ES 複合体になった場合の濃度に相当し, $k_2[E]_0$ はその酵素の可能な最大速度 $V_{\max}$ となる. それゆえ, 迅速平衡の仮定の下での酵素反応速度 v は,

$$v=\frac{V_{\max}[S]}{K+[S]}$$

となる.

しかし, ES 複合体の生成解離反応が ES 複合体からの生成物の生成反応よりも十分速いという仮定が成立しない場合には迅速平衡の考え方だけでは

酵素反応を説明できない．そこで定常状態の考え方が提出されてきた．この場合でも ES 複合体ができることは同じであるが，ES 複合体の生成反応と ES 複合体の解離反応（E と S への解離と P の生成）とがつり合う（定常状態）ということである．

式としては，定常状態において
$$k_1[\text{E}][\text{S}] = k_{-1}[\text{ES}] + k_2[\text{ES}]$$
が成立する．迅速平衡の場合と同様に酵素反応の速さにおいて，$v = k_2[\text{ES}]$，そして $[\text{E}]_0 = [\text{E}] + [\text{ES}]$ は同じである．式変換において，$(k_{-1} + k_2)/k_1 = K_\text{m}$ と定義すると，この定常状態での仮定の下での酵素反応速度 v は，
$$v = \frac{V_\text{max}[\text{S}]}{K_\text{m} + [\text{S}]}$$
となる．多くの場合，k_{-1} の値は k_2 値よりも大きいので，K_m は k_{-1}/k_1 となり，これは迅速平衡での K の値に相当することになる．K_m 値は**ミカエリス定数**とよばれ，最大反応速度 V_max の半分の速度を与える基質の濃度ということになる．

定常状態において，基質の濃度 $[\text{S}]$ が酵素の濃度 $[\text{E}]$ に比べて過剰に存在する場合，一定の速度で何度もこの反応が繰り返されて生成物ができることになる．実際の生体内での反応系は一つの基質のみならず複数の基質の反応でもある．また酵素反応自身を阻害あるいは活性化する因子などが存在する可能性も考慮する必要もある．しかし，これらの連続する反応においても，それぞれの酵素をミカエリス-メンテンの式を基礎にして理解することは重要である．

● 2 章のまとめ

(1) 1953 年に遺伝子の本体が二重らせん構造をした DNA であることが明らかにされた．このことにより，遺伝子 DNA の情報は mRNA に一次情報として伝えられ，さらにタンパク質のアミノ酸配列へと二次情報として伝わる．

(2) われわれ生物の遺伝のしくみを理解する上での(1)の考え方は，セントラルドグマとして受け入れられてきている．

(3) タンパク質はアミノ酸がペプチド結合したポリマーであるが立体構造をとり，とくに酵素ではその触媒活性を担う空間ポケットが形成される．その特有の空間内に存在するアミノ酸側鎖が触媒活性を担う．

(4) 酵素触媒機能の速度論は，ミカエリス-メンテンの式によって理解できる．

● 参考文献

1) 平沢栄次：はじめての生化学，化学同人（1998）．
2) 猪飼 篤：基礎の生化学，東京化学同人（1992）．
3) D. Voet, J. G. Voet, C. W. Pratt 著，田宮信雄，村松正実，八木達彦，遠藤斗志也訳：ヴォート基礎生化学，東京化学同人（2000）．

3 生体分子の化学

| キーワード | アミノ酸　タンパク質　糖質　脂質　核酸 |

● 3章で学習する目標

　　生体分子は大きく高分子と低分子に分けられ，高分子は単位となる低分子の集合体として構成されている．たとえば，アミノ酸がペプチド結合した高分子はタンパク質を構成し，単糖がグリコシル結合した高分子はデンプンやセルロースなどの多糖類を構成する．ここでは，それらの単位となる低分子化合物の基礎となる構造と，一見複雑にみえる生体高分子の構造を理解することにより，さまざまな生体分子がどのように調和のとれた構造になっているのかを学ぶ．

3.1 アミノ酸とタンパク質

　　アミノ酸は基本的に**アミノ基**（$-NH_2$）と**カルボキシル基**（$-COOH$）をもち，化学構造は $NH_2-CH(-R)-COOH$ と表される．R はそれぞれのアミノ酸を特徴づける側鎖である．図3.1に20種類のアミノ酸の化学構造を示す（アミノ酸の表記の仕方については2章表2.1を参照）．

　　プロリンではアミノ基が5員環内構造に入っているのでイミノ基となっている．通常生体内での pH 6〜7（中性 pH）において，アミノ基はプロトン化されて $-NH_3^+$ として，またカルボキシル基は脱プロトン化されて $-COO^-$ として存在するので，アミノ酸は両性イオンとしての挙動を示す．加えて α 位の炭素（$C_α$）に結合している R で示される側鎖により，それぞれ化学的に異なるアミノ酸化合物となる．

　　アミノ酸はその側鎖の物理化学的性質により大きく**疎水性アミノ酸**と**極性アミノ酸**に分類される．疎水性のアミノ酸として，最小でもっとも単純な構造をもつグリシンは，側鎖に水素原子をもつ．$C_α$ 原子（アミノ基とカルボキシル基にはさまれた炭素）に同じ基（水素原子）が二つ結合しているので，対掌体は存在しない．グリシン以外は不斉炭素となるが，生体がタンパク質

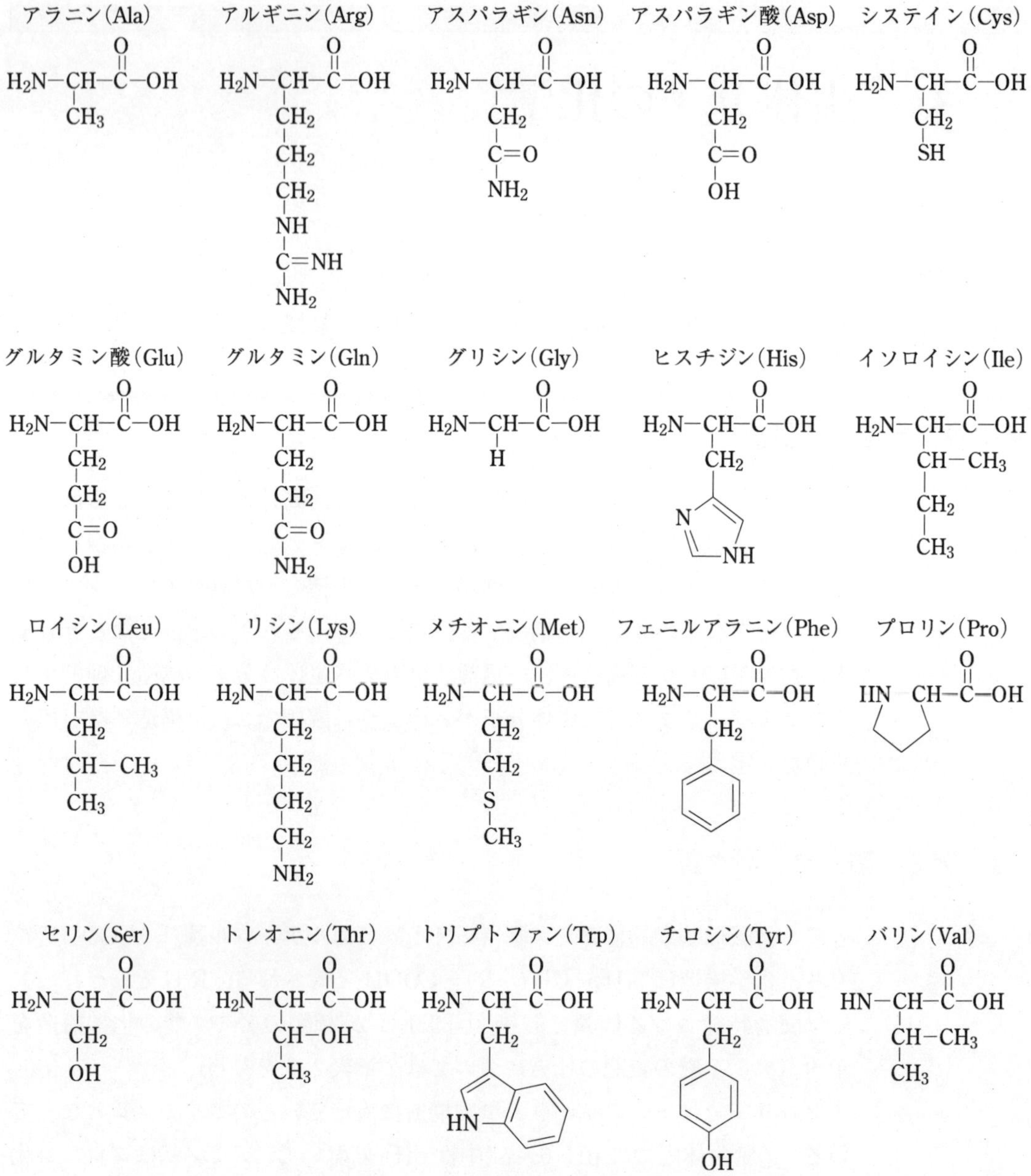

図 3.1 タンパク質の基本構造となる 20 種類のアミノ酸（三文字表記で表される）

　の構成単位として利用しているアミノ酸はすべて L 体のみである．
　アラニン，バリン，ロイシン，イソロイシンとメチオニンの脂肪族側鎖は化学的に反応性がなく，疎水性である．プロリンも疎水性だが，側鎖の端が主鎖のアミノ基に結合した環構造をしていて，固定されたコンホメーションをもつ．システインにみられる硫黄を含む側鎖も疎水性だが，非常に反応性が高く，別のシステイン側鎖と反応してジスルフィド結合（S–S）をつくる．フェニルアラニン，チロシンとトリプトファンは芳香族アミノ酸として疎水

3.1 アミノ酸とタンパク質

性が高い．

一方，極性で電荷をもつアミノ酸には，塩基性と酸性のアミノ酸がある．アルギニンとリシンの側鎖のアミノ基は，中性 pH でプロトン化するので，正に荷電する．ヒスチジンの側鎖は，中性 pH で正に荷電した状態と荷電していない状態の両方をとり得る．また，アスパラギン酸とグルタミン酸の側鎖のカルボキシル基は，中性 pH で脱プロトン化するため負の電荷をもつ．極性で電荷をもたないアミノ酸であるアスパラギンとグルタミンは，それぞれアスパラギン酸とグルタミン酸のアミド誘導体で，側鎖は電荷をもたないが水素結合することができる．またセリンとトレオニンは，側鎖として水酸基をもつアミノ酸であり，水素結合することができる．芳香族アミノ酸のチロシンの水酸基も水素結合できる．

これらアミノ酸は中性 pH における両性イオンと側鎖官能基の物理化学性質で特徴づけられ，それらのアミノ酸が順次ペプチド結合したものが**タンパク質**である．タンパク質はポリペプチドと同等と考えてよいが，ポリペプチドは，アミノ酸と同様にアミノ基そしてカルボキシル基をそれぞれ末端に含む両性イオンであり，アミノ酸の側鎖に対応するのは，結合したアミノ酸のすべての側鎖である．タンパク質では，このポリペプチドを基本に種々の修飾を受ける．アミノ末端から C 末端までアミノ酸の配列順だけを示したものをタンパク質の一次構造という．

アミノ酸がペプチド結合して形成されるタンパク質の骨格がとりうる構造として，らせん状の**αヘリックス構造**，シート状の**β構造**とそれ以外の**ランダム構造**があり，それらはタンパク質の二次構造という．タンパク質中の側鎖が相互作用する構造には，疎水性相互作用，極性相互作用，分子内のシスチン結合（システインの SH 基同士が酸化されて S–S 結合する）があり，これらは三次構造とよばれる．アミノ酸配列に沿ってこれらの構造（一量体）がとられるが，多くのタンパク質は二量体あるいは多量体の構造をとり安定化して存在する．その場合それぞれの一量体タンパク質分子間での相互作用があり，その作用を含めて全体のタンパク質の構造を四次構造という．

生体でのタンパク質は，大きく**構造タンパク質**と**機能タンパク質**とに分けることができる．われわれの体でもっとも量の多いタンパク質はコラーゲンであるが，これは構造タンパク質の代表的なものであり，腱や筋また体表面に広く存在している．爪や毛も同様にケラチンなどの構造タンパク質が主成分である．機能タンパク質には酵素作用をもつものとそうでないものに分類できる．

物質変換で化学反応が伴う場合に触媒として作用するものを酵素ということができ，生体内での同化，異化を含めるすべての代謝系は酵素触媒作用に

よって進行する．酵素触媒作用を伴わない機能タンパク質の例としては受容体や結合タンパク質，また抗体などがある．

【発展】 ロイシン-ジッパーモチーフ

あるタンパク質の部分構造として α ヘリックス構造がある場合，α ヘリックス上でアミノ酸側鎖が同じ方向にそろうことはあるのだろうか？ポーリングが提唱した安定な α ヘリックス構造をみると，骨格単位（$-CO-CH(-R)-NH-$）が3.6残基で1回りのらせんとなっている．2回りしたときには7.2残基となり，おそらくアミノ酸残基で七つ目ごとに側鎖が同じ方向に向くと予想される．DNA から mRNA が転写されるとき，その活性を制御するタンパク性転写因子が存在する．その研究から，いくつかの転写因子中の α ヘリックス構造をとる部分で，7-アミノ酸残基ごとにロイシンが同一方向を向いて位置しており，このロイシンの疎水性側鎖を利用して二量体を形成し，DNA の特定の領域に結合することが明らかにされた．これはロイシン-ジッパーモチーフとよばれている．

【発展】 特殊なアミノ酸

遺伝子 DNA にコードされているアミノ酸は20種である．それ以外に生体内で見出されるアミノ酸として同定されているものがある．それらの中には，基本の20種のアミノ酸の修飾体とみなすことができるものがある．たとえばプロリンが水酸化されたヒドロキシプロリンはコラーゲン中に数多く見出されている．グルタミン酸側鎖がカルボキシル化された γ-カルボキシグルタミン酸は血液凝固因子タンパク質などに多くみられる．

また，修飾体ではなく基本の20種のアミノ酸とは側鎖が異なる，別のアミノ酸も存在する．たとえばオルニチンはアミノ酸のリシンの側鎖よりも炭素鎖長が1単位短い側鎖をもち，またシトルリンはオルニチンがさらに修飾されたものである．どちらも尿素サイクルという代謝系の中間体として機能している特殊なアミノ酸である．シトルリンはスイカに多く存在する．オルニチンはタンパク質の構成するアミノ酸としては見出されないが，ある種の微生物が生産するペプチドの中に見出される．

微生物が分泌する抗生物質にはペプチド結合をした低分子量のペプチドが多い．これらは mRNA を介して生合成されない．通常のアミノ酸はすべて立体構造として L 体である．微生物には L 体のアラニンを D 体のアラニンに変えるアラニンラセマーゼという酵素が存在し，細菌の細胞壁ペプチドグリカンにみられるペンタペプチドには D 体アラニン，L 体アラニンがともに含まれる．

遺伝子 DNA の情報から mRNA と tRNA を介して生合成されるタンパク質は，tRNA 結合のアミノ酸のアミノ基とカルボキシル基が脱水縮合したペプチド結合（$-NH-CO-$構造）をもっているが，グルタチオンは，グルタミン酸，システインとグリシンが順にペプチド結合した3種のアミノ酸からなるペプチドである．これは mRNA を介さずに生合成されるが，グルタミン酸とシステインとのペプチド結合はグルタミン酸側鎖の γ 位のカルボキシル基とシステインのアミノ基とで形成され，γ-グルタミニルシステイニルグリシンとよばれるペプチドである．

3.2 糖質

　糖質としては，毎日食事として取り入れている主食（米，パン，ジャガイモなど）を思い浮かべてみるとよい．これらの主成分は**デンプン**である．デンプンは単糖である**グルコース**の水酸基が次のグルコースの水酸基と脱水縮合し，次々とグルコシド結合したポリマーである．図3.2にはもっとも基本となる α-グルコース（α-glucose）と β-グルコース（β-glucose）の構造を示す．

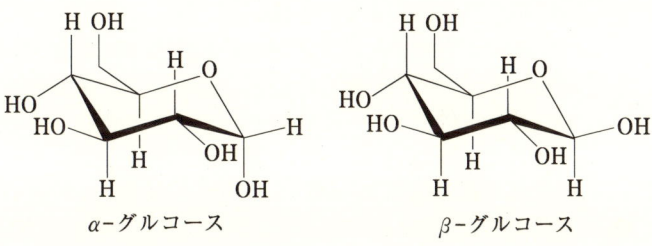

図 3.2 糖質の基本となる α-グルコースと β-グルコース

　両グルコースともに分子式としては $C_6H_{12}O_6$ として表され，分子量は180である．これを椅子型6員環ピラノース構造で表した場合，1位の炭素原子に結合している水酸基が下向き，そして上向きに表されるものをそれぞれ α-グルコースそして β-グルコースという．α-グルコースの1位の炭素原子に結合している水酸基が別の α-グルコースの4位の炭素原子に結合している水酸基と脱水縮合して形成されるグリコシド結合を繰り返したポリマーがデンプンとなる．つまり α-グルコースが α1-4結合でつらなった構造をデンプンという．

　これに対し，紙の原料となる**セルロース**（植物の骨格成分）もまた，グルコースのポリマーであるが，われわれは食べても消化不良となって排泄され

コンニャクの構造

　グルコースとデンプンとの関係を考えてみよう．コンニャクの主成分はマンナンでデンプンと同じように糖のポリマーである．しかし基本となる糖はマンノースで，グルコースとは4位の炭素に結合している水酸基の立体構造が逆になっている．この単位となるマンノースが β1-4結合でつらなったのがマンナンである．デンプンの場合，われわれは消化酵素（アミラーゼ）を使ってグルコースに分解し，代謝し，さまざまに利用しているが，マンナンの場合は消化できない．これは，アミラーゼが α-グリコシド結合に作用できるが，β-グリコシド結合に作用できないからである．多量に食べることによって満腹感を味わえるが，体内に吸収利用することができないので，コンニャクは確かにダイエットには適した食べ物といえる．

てしまう．デンプンとの構造上の違いは，グルコースが α-グルコースではなく β-グルコースがグリコシド結合をしている．つまり，β-グルコースが β1-4結合で脱水縮合したポリマーが**セルロース**である．

【発展】 味覚を刺激する化合物

私たちは生体を維持するための食物を外界から得る際，舌においてその食物をチェックしている．さまざまな食物を食べたとき舌の味覚細胞が瞬時に反応するが，大きく5種類に対応する味を私たちは認識する．そして大きく分けて，美味しいあるいは美味しくないという表現をする．この表現は甘い，しょっぱい，すっぱい，苦い，そして旨いという5種の味覚細胞からの情報を総合したものである．砂糖は甘く，食塩はしょっぱく，お酢はすっぱい．多くの薬は苦く，また，ゴーヤやフキノトウなども苦い．

もう一つの旨いという表現に対応する味覚細胞は，最近明らかにされたものである．かつお節，干ししいたけ，あるいは，昆布を用いてだしをとる．このだしの成分が旨味であり，化合物としては，核酸の一つのイノシン酸，そしてもう一つはアミノ酸の一つのグルタミン酸である．グルタミン酸は，味覚細胞の受容体タンパク質に結合するが，その結合を促進するのがイノシン酸である．旨味は，英語でも umami という．

3.3 脂　質

脂質としては，種々の食用油や肉の白身（油身）を思い浮かべるとよい．おもな成分は**脂肪酸**とその**エステル化合物**である．いくつかの脂肪酸の構造を図3.3に示す．炭素鎖長の数はその生合成の解明から偶数であり，末端の官能基はカルボン酸であることがその特徴である．

脂肪酸が偶数の炭素で構成されるということは，その骨格が炭素鎖 C_2 のポリマーであることを意味する．脂肪酸の場合，後述（4章を参照）するよう

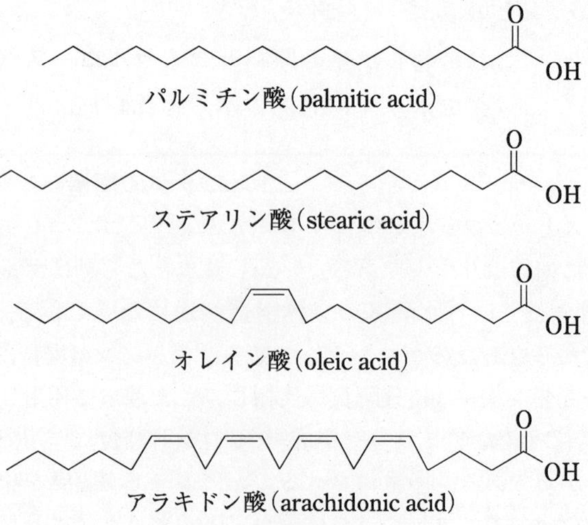

パルミチン酸（palmitic acid）

ステアリン酸（stearic acid）

オレイン酸（oleic acid）

アラキドン酸（arachidonic acid）

図 3.3　脂肪酸の構造

3.3 脂質

に，その偶数単位となる化合物は，C_3 のマロニル CoA であり，脂肪酸合成では，脱炭酸を伴って C_2 の単位がつながってゆくことになる．パルミチン酸（炭素鎖長 16，C_{16}）やステアリン酸（炭素鎖長 18，C_{18}）のようにすべての炭素結合が飽和されたものに比べて，不飽和の二重結合を複数個もつリノール酸（炭素鎖長 18，C_{18}），リノレン酸（炭素鎖長 18，C_{18}）は化学的性質としての融点が低い．重要な脂肪酸としてアラキドン酸（炭素鎖長 20，C_{20}）の構造も示した（図 3.3）．これは炭素-炭素二重結合が四つある脂肪酸で，生理活性物質プロスタグランジンの生合成前駆物質として重要である．

脂肪酸はリン脂質化合物として生体膜の主構成成分であり，また脂肪として貯蔵される．図 3.4 に生体膜での**リン脂質**（ホスファチジルコリン，ホスファチジルエタノールアミン，そして，ホスファチジルセリン）と**貯蔵脂肪**（トリアシルグリセロール，TAG）の構造を示す．

コレステロールは動脈硬化などの原因物質ではあるが，生体内では生体膜の成分であるのみならず，細胞内の代謝制御などに重要である．この化合物

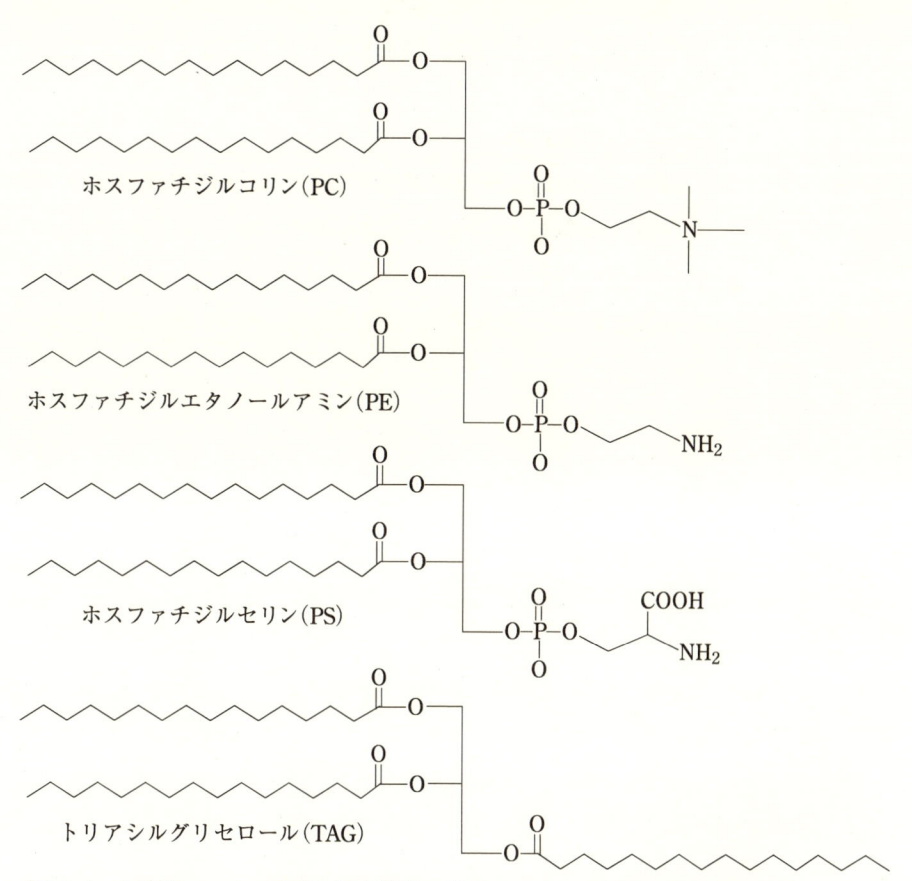

図 3.4 生体膜でのリン脂質と貯蔵脂肪の構造：エステル結合している脂肪酸（ここに示す構造ではすべてパルミチン酸で示してある）の違いにより異なった化合物になる．

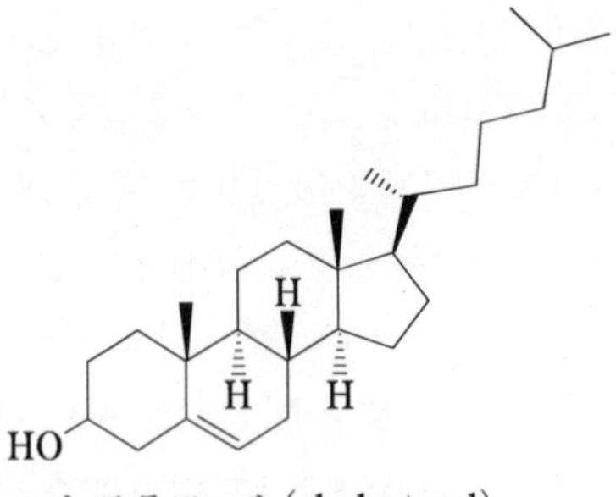

コレステロール(cholesterol)

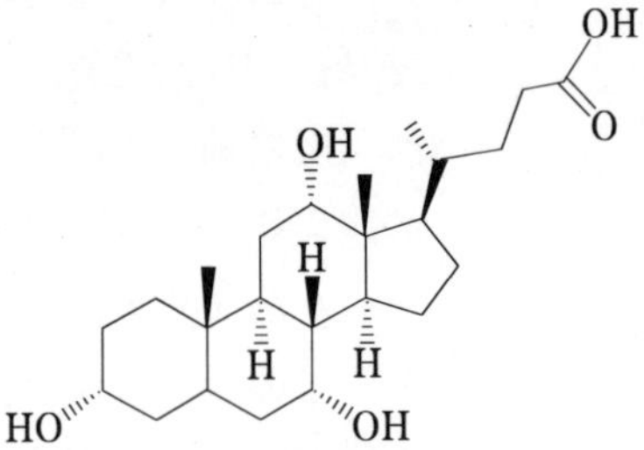

胆汁酸(コール酸，cholic acid)

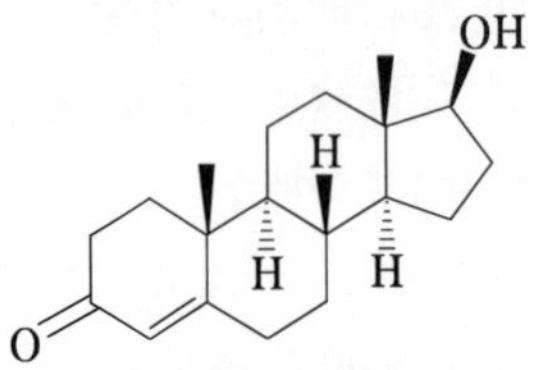

男性ホルモン
(テストステロン，testosterone)

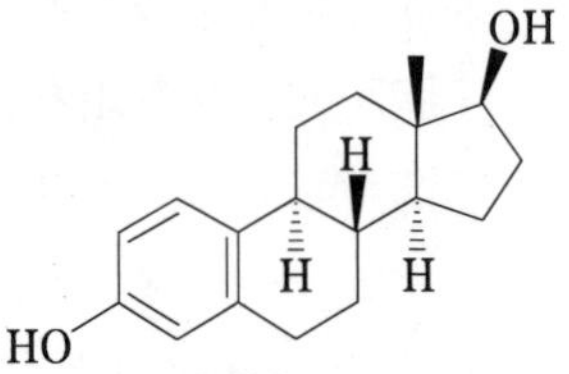

女性ホルモン
(エストラジオール, estradiol)

図 3.5　コレステロール，胆汁酸，性ホルモンの構造

は消化液に含まれる**胆汁酸**に導かれるのみならず，また私たちの**性ホルモン**である男性および女性ホルモンや副腎皮質ホルモンなど，各種のステロイドホルモンに導かれる（図 3.5）.

栄養学的に**カロテノイド**は重要で，カニの甲羅やニンジンの赤色色素に代表される炭素数 40 の化合物群である（図 3.6）. カロテノイドの特徴となる黄色や赤色は共役炭素二重結合による. われわれは食事からカロテノイドを摂取し，ビタミン A として利用する. ビタミン A は**レチノール**とよばれる

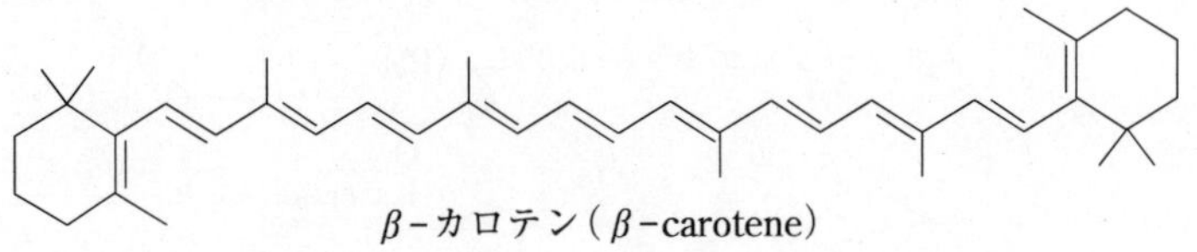

β-カロテン(β-carotene)

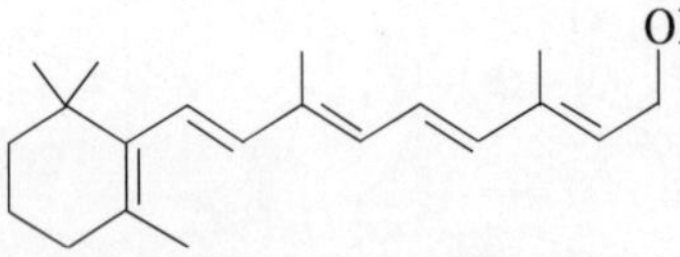

レチノール(retinol)

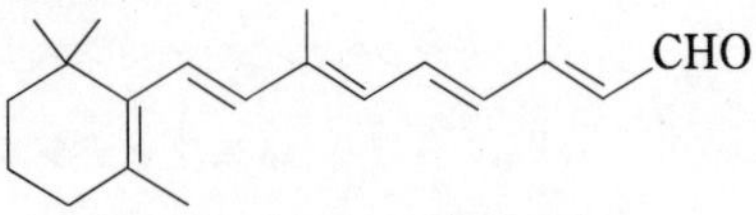

レチナール(retinal)

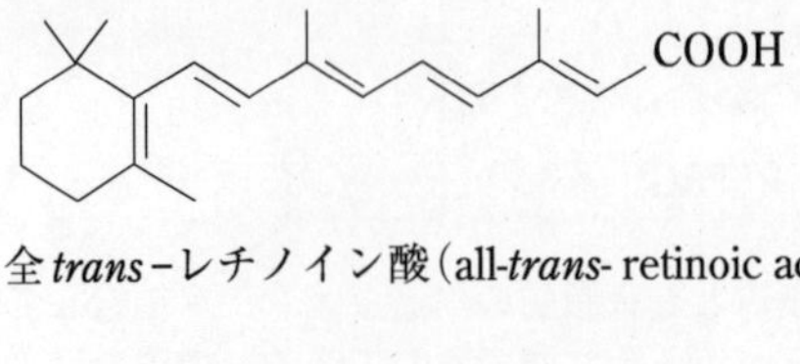

全 *trans*-レチノイン酸(all-*trans*- retinoic acid)

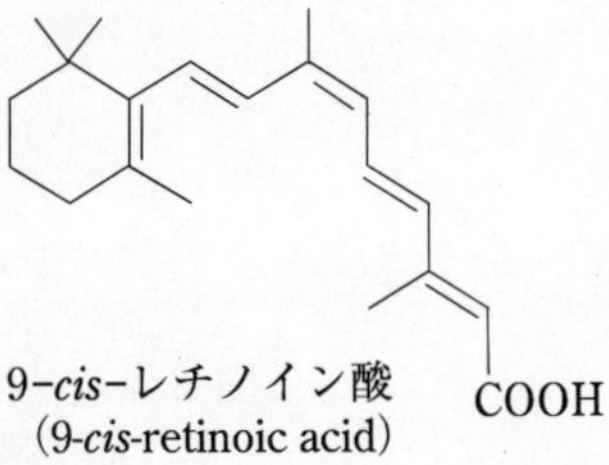

9-*cis*-レチノイン酸
(9-*cis*-retinoic acid)

図 3.6　カロテノイドの構造

3.3 脂質

アルコールであるが，そのアルデヒド誘導体の**レチナール**は目の視細胞でロドプシンというタンパク質に結合し外界からの光受容体として極めて重要な働きを担う．さらにそのカルボン酸誘導体のレチノイン酸は遺伝子 DNA から mRNA への転写を制御する転写因子タンパク質に結合する重要な脂質である．全 trans-レチノイン酸と 9-cis-レチノイン酸がそれに結合するリガンドとして同定されている．

カロテノイドのように C_5 のイソプレン（C_5H_8）を基本単位として炭素骨格が形成されている脂質を**イソプレノイド**と総称する（図 3.7）．重要なイソプレノイドの中に炭素鎖長がそれぞれ C_{15} と C_{20} のファルネソールとゲラニルゲラニオールがある．これらはある種のタンパク質の修飾に直接使われている．がん遺伝子産物 Ras をはじめとする，シグナル伝達に関連する G-タンパク質などではカルボキシル末端のシステインがファルネソールやゲラニルゲラニオールとチオエーテル結合を介して修飾されており，それらの修飾は機能発現に必須の役割をもっている．ユビキノンはイソプレノイド側鎖をもつキノン化合物で，電子伝達系において重要である．

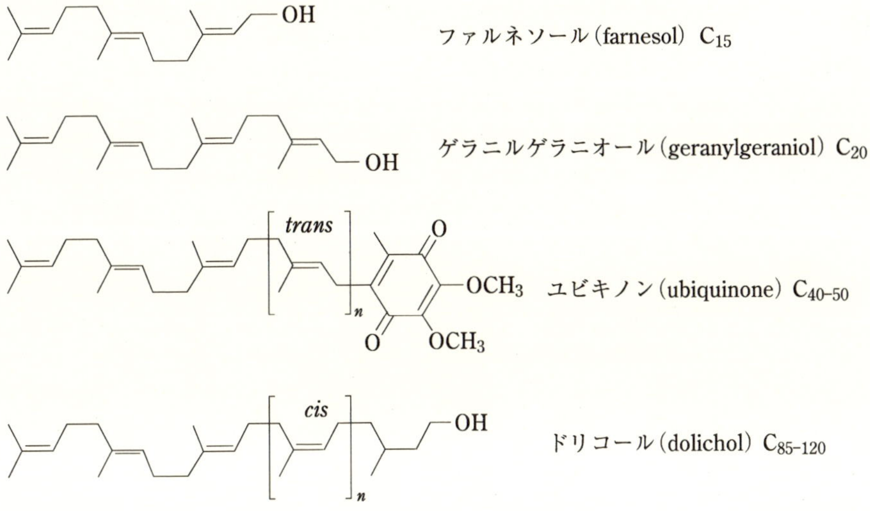

ファルネソール（farnesol）C_{15}

ゲラニルゲラニオール（geranylgeraniol）C_{20}

ユビキノン（ubiquinone）C_{40-50}

ドリコール（dolichol）C_{85-120}

図 3.7 イソプレノイドの構造：ヒトのユビキノンでの n は 7 で全トランス二重結合である．ドリコールでの n は 14〜17 であり，一群のファミリーとして存在する．

ヒトのユビキノンのイソプレノイド側鎖の炭素鎖長は C_{50} である．またもう一つ重要なイソプレノイド化合物にドリコールがある．ドリコールは極めて長鎖のイソプレノイド（ヒトの場合 C_{95-100}）で α-イソプレン二重結合は飽和されているポリプレニルアルコールである．小胞体膜に存在するが，そのイソプレノイド鎖が直鎖状では小胞体膜の厚みより長くなってしまうので，疎水性炭素鎖は，膜の内部にうめ込まれていると考えられている．

生体内に存在するタンパク質はその多くが糖と結合した糖タンパク質であ

るので，遺伝情報から"翻訳"されて合成されるタンパク質は糖の修飾を受ける．この糖の修飾過程でドリコールは糖担体脂質として機能する．実際にタンパク質に付加される糖は14個の単糖からなるオリゴ糖鎖であり，タンパク質への転移過程を含め，全14段階の反応過程で糖担体脂質として機能している．一方，細菌ではドリコールに相当する糖担体脂質としてウンデカプレノール（C_{55}）が用いられている．

【発展】 脂質化合物のファミリー

　脂質は生体を構成する多種多様な物質群であり，構造の多様性は極めて大きい．通常，狭義に"脂質"という場合，単純脂質と複合脂質のみを示す場合が多いが，広義の脂質は構造上から大きく27種類に分類されている．

　(1)アシルグリセロール，(2)胆汁酸(コラン酸類)，(3)脂肪酸，(4)長鎖アルコール，(5)長鎖アルデヒド，(6)長鎖塩基とセラミド，(7)エーテル型脂質，(8)カロテノイド，(9)コエンザイム Q，(10)ビタミン A，(11)ビタミン D，(12)ビタミン E，(13)ビタミン K，(14)糖スフィンゴ脂質，(15)糖グリセロ脂質，(16)ホパノイド，(17)イソプレノイド，(18)リポアミノ酸，(19)リポポリサッカライド，(20)リポタンパク質，(21)ミコール酸，(22)グリセロリン脂質，(23)パフ，(24)スフィンゴリン脂質，(25)プロスタノイド，(26)ステロイド，(27)ワックス．本文中図に示したのはこのうちの一部で(2)，(3)，(8)，(9)，(10)，(17)と(22)である．一般に単純脂質とされるものは(1)，(10)，(11)，(25)，(27)などであり，複合脂質としては(6)，(14)，(15)，(22)，(24)などを指す場合が多い．また，(7)のエーテル型脂質は古細菌の主要な膜成分として存在する．生物界は大きくユーカリア(真核生物)，バクテリア(真正細菌)そしてアーキア(古細菌)の3種に分類されるが，細胞膜として前者二つは脂肪酸を主成分とするグリセロリン脂質を使い，古細菌類はイソプレノイドを主成分とするエーテル型脂質を利用している．

　一般にイソプレノイドとは基本的な炭素骨格としてイソプレン(C_5)のポリマーとして生合成されるもので，(8)，(9)，(10)，(13)，(26)などを含むが，(17)はそれら以外のイソプレノイドということになる．植物ではその骨格由来の天然化合物の種類と量が極めて多く，それらはテルペノイドとしてさらに分類される．

3.4 核　酸

　核酸は，遺伝子 **DNA（デオキシリボ核酸）** と **RNA（リボ核酸）** の2種類に大別される．どちらもポリヌクレオチドであるが，その構成成分であるヌクレオチドは DNA ではデオキシ ATP，デオキシ GTP，デオキシ CTP そしてデオキシ TTP であり（図3.8），RNA では ATP，GTP，CTP そしてウリジン三リン酸（UTP）である（図3.9）．

　デオキシ ATP のアデニン環とデオキシ TTP のチミン環は特異的に2ヶ所で分子間水素結合し，デオキシ CTP のシチジン環と GTP のグアニン環では特異的に3ヶ所で分子間水素結合（互いに相補するという）をするので，2本鎖 DNA はらせん構造をとる．また RNA では ATP のアデニン環と

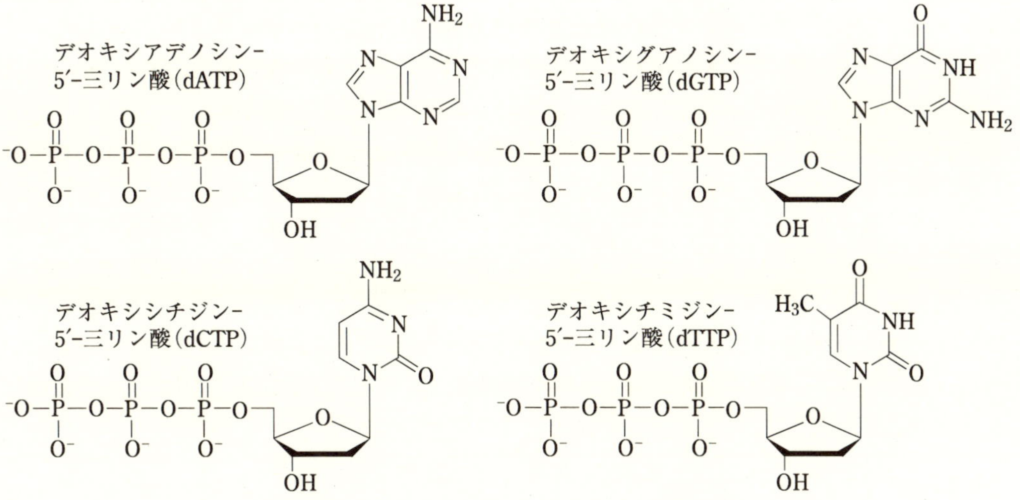

3.4 核酸

図 3.8 DNA を構成するヌクレオチドの構造

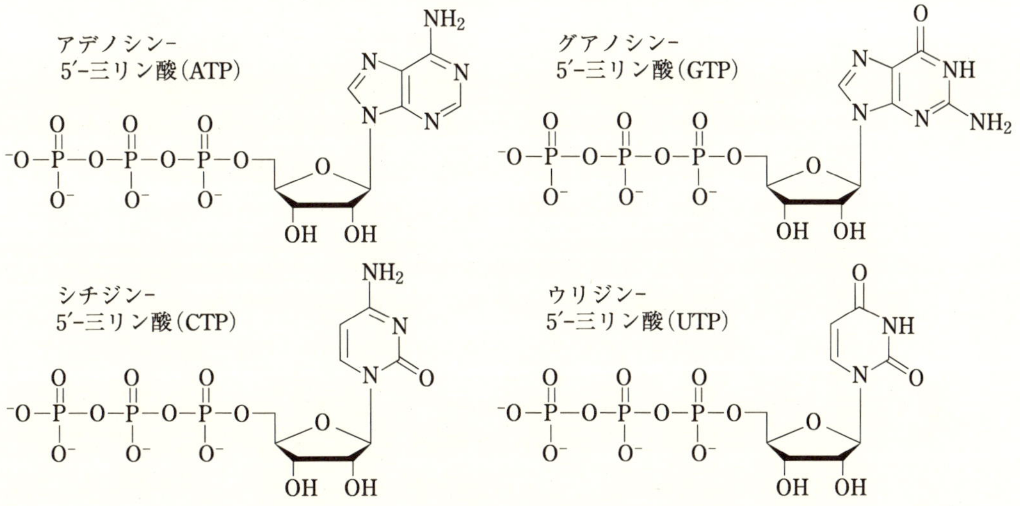

図 3.9 RNA を構成するヌクレオチドの構造

UTP のウラシル環，CTP のシチジン環と GTP のグアニン環との間で相補関係がある．

【発展】 ヌクレオチド

　核酸の構成単位としてのヌクレオチドには，DNA の構成前駆体 dATP，dCTP, dTTP, dGTP, そして RNA の構成前駆体 ATP, CTP, UTP, GTP がある．これらは三リン酸エステル化合物で，加水分解によって多量の自由エネルギーの減少をきたす"高エネルギー化合物"であり，核酸合成の際にはピロリン酸を遊離する．生体には，ATP あるいは GTP からそれぞれアデニル酸シクラーゼ，グアニル酸シクラーゼという酵素の触媒作用でピロリン酸を遊離して合成される，サイクリック AMP (cAMP) あるいはサイクリック GMP (cGMP) という化合物が存在する．これらは 3′ 位と 5′ 位の水酸基とのリン酸ジエステル化合

さまざまな修飾を受けた核酸・タンパク質

　核酸，タンパク質，糖はそれぞれヌクレオチド，アミノ酸，糖を構成単位とする高分子のポリマーである．脂肪酸やポリイソプレノイドも，C_2 あるいは C_5 の構成単位とするポリマーである．またポリADPリボース，ポリアデニル酸，ポリアミン，ポリユビキチンなどもそれぞれ一つの単位からのポリマーである．

　私たち生物が地球上で進化してきた過程において，さまざまな環境下でのさらなる反応が起きたと予想され，基本構造からさらに修飾がなされている．核酸では，DNA塩基でのメチル化，tRNAでのジメチルアリル化などがある．タンパク質では，側鎖のミリスチル化，パルミチル化，ファルネシル化，ゲラニルゲラニル化，レチニル化，ジアシルグリセリル化などの脂質による修飾など，さまざまに修飾を受けた核酸やタンパク質が存在し，生体内で重要な機能を示すものが多い．

物である．cAMPは細胞外情報での第二次メッセンジャーとして，またcGMPは視細胞においてホスホジエステラーゼの活性化に重要である．

【例題3.1】 極性の官能基をもつ化合物は細胞内で水に溶けている．たとえば，水に溶けやすいグルコースのような糖を含む化合物は極性の水酸基を多くもつ．カルボン酸基をもつ有機酸，たとえば酢酸は水に溶けるが，疎水性炭素鎖長が長い，いわゆる脂肪酸は水に溶けない．さらに私たちにとって身近なコレステロールはやはり水には溶けない．これら水に溶けない化合物はどのようにして細胞内外で運搬されているのか考えてみよ．

［解答］ 疎水性化合物に対しては，特定のタンパク質，結合タンパク質とかキャリヤータンパク質が存在し，目的とする場所にタンパク質複合体としてその化合物は運ばれる．その複合体は，共有結合ではなく，疎水結合なので，運ばれたあとに相手，たとえば膜の中や特定の別のタンパク質に疎水性化合物を受け渡すことができる．

● 3章のまとめ

（1） 生体を構成するおもな物質には，タンパク質，糖質，脂質，そして核酸がある．セントラルドグマの考え方から遺伝情報はタンパク質に向かって指令されており，タンパク質の重要性はいうまでもない．

（2） タンパク質は20種のアミノ酸の並び順で表現され，個々のアミノ酸はペプチド結合でつながっている（一次構造）．この一次構造でもって表現されるタンパク質は，アミノ酸側鎖の化学的性質に依存してその実際の構造の中で部分的に α ヘリックス構造，β シート構造など（二次構造）をとり，またアミ

ノ酸側鎖間のイオン結合，疎水結合，S–S 結合などの相互作用による立体構造（三次構造）をとり，それらの構造を単位とした二量体あるいは多量体構造（四次構造）をとることにより，生体内で機能している三次元構造となる．一次構造が極めて似たタンパク質でも，実際の三次元構造が似ているとは必ずしもいえない．

(3) タンパク質の中で酵素は生体内の触媒として重要であり，代謝系のすべての化学反応を触媒する．

(4) 糖質と脂質はエネルギー源，また多くの脂質はタンパク質の機能に重要な関わりをもつ．

(5) 核酸は DNA（遺伝子本体）と RNA（mRNA や tRNA）を示す．これらの物質は単独で存在するが，相互に複合体をつくり，あるいは共有結合体として生体内で機能している．

● 参考文献

1) 平沢栄次：はじめての生化学，化学同人 (1998).
2) 猪飼 篤：基礎の生化学，東京化学同人 (1992).
3) D. Voet, J. G. Voet, C. W. Pratt 著，田宮信雄，村松正実，八木達彦，遠藤斗志也訳：ヴォート基礎生化学，東京化学同人 (2000).
4) 日本化学会編：化学・意表をつかれる身近な疑問，講談社 (2001).

4 代謝反応と生化学

キーワード　解糖系　TCAサイクル　ペントースリン酸サイクル　電子伝達系
脂質代謝と生合成　アミノ酸代謝　代謝の調節と発酵　光合成

● 4章で学習する目標

　3章で学んだ生体物質は外界から取り入れた物質を原料として，様々な代謝系での酵素触媒反応により合成される．それぞれの代謝系は常にバランスのとれた高度に調節されたむだのない系として成り立っている．生物が生命活動を維持するためにはATPという高エネルギー化合物の獲得が必須である．本章では，このATP獲得を念頭におき，さまざまな重要代謝系を学ぶ．

4.1 解糖系

　食事として体内に取り入れられた**デンプン**は，胃，十二指腸，小腸を通過することにより，小さく断片化され，小腸で吸収された後肝臓において**グルコース**に加水分解される．このグルコース分子に内蔵された化学結合エネルギーを有効に利用するために，図4.1に示す一連の分解反応が起こる．
　炭素数6のグルコースはリン酸化を受けてグルコース-6-リン酸に変換され，さらにもう1分子のリン酸化を経てフルクトース-1,6-ビスリン酸になる．この解糖系の初期反応では2分子のATPが必要となる．次の段階でこの炭素数6の化合物は2種の炭素数3の化合物に分解される．
　一つはジヒドロキシアセトンリン酸，もう一つはグリセルアルデヒド-3-リン酸であり，両者は常に平衡関係が保たれ，相互変換が効率よくなされる．後者のグリセルアルデヒド-3-リン酸はさらに変換を受け，ピルビン酸に導かれる．グリセルアルデヒド-3-リン酸1分子がピルビン酸に変換される際，2分子のATPが生じるので，グルコース1分子から2分子のC_3化合物ができ，それが2分子のピルビン酸に変換することになるので，全体ではグルコース1分子から4分子のATPが生じることになる．
　このグルコースからピルビン酸までの系を**解糖系**というが，1分子のグル

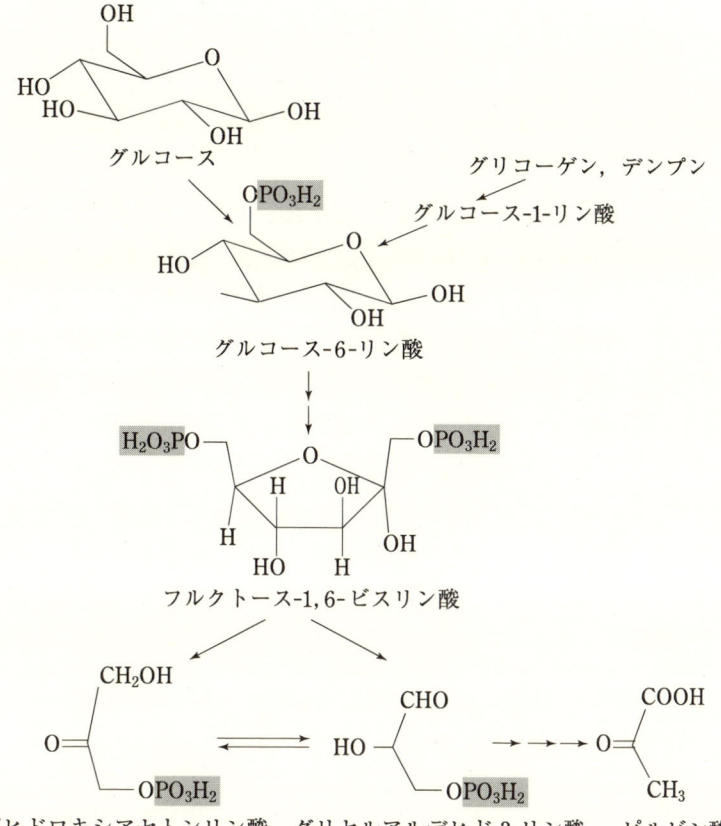

4.1 解糖系

図 4.1 解糖系：グルコースに対して ATP からのリン酸基を網かけで示す．

コースの化学エネルギーは，全体として2分子の NADH と2分子の ATP へと変換される．通常の好気的条件下ではピルビン酸はアセチル CoA に変換され，後述する TCA サイクル，電子伝達系を経て，酵素により水と二酸化炭素に分解されていく．これに対して，嫌気的条件下ではピルビン酸は乳酸に還元される．これは運動時の筋肉中での乳酸の蓄積という結果になる．このピルビン酸からアセチル CoA へではなく，乳酸やエタノールへ代謝される系が発達した生物として，ある種の乳酸菌や酵母が存在し，微生物の発酵作用として知られている．筋肉や乳酸菌の嫌気的解糖の場合，1分子のグルコースから獲得できるエネルギーは ATP 2分子となる．

【発展】 解糖系でグルコースがすべてピルビン酸に分解される場合

1分子のグルコースの化学結合エネルギーは，2分子のピルビン酸のみならず反応に伴って生成する2分子の ATP と2分子の NADH の化学結合エネルギーに分配される．すなわち，グルコースの6個の炭素-炭素結合エネルギーの一つが ADP からの ATP 生成のエネルギーと NAD から NADH 生成エネルギーに変換されたことになる．ピルビン酸に内蔵された化学結合エネルギーはさらに，TCA サイクルに入り，最終的には1分子のグルコースから38分子の ATP とし

てのエネルギー通貨を獲得することになる．乳酸菌の場合には同様の獲得エネルギーは2分子のみのATPであるので，グルコースからのエネルギー通貨の獲得効率ははるかに劣る．

4.2 TCA サイクル（クエン酸サイクル，クレブス回路）

解糖系でグルコースから代謝されたピルビン酸は，さらにアセチルCoAに導かれ細胞内小器官のミトコンドリアで**トリカルボン酸（TCA）サイクル**によりさらに変換を受ける．TCAサイクルは，解糖系ばかりでなく脂肪酸やアミノ酸からも生合成されるアセチルCoAのアセチル基を2分子のCO_2に酸化する過程で遊離するエネルギーをNADHやFADH$_2$などの還元型化合物に保存する巧妙な8連反応よりなり，後述する電子伝達系によって結果的に多量のATPを効率よく得る系である．

図4.2に示すように，アセチルCoAのアセチル基の2個の炭素がまずオ

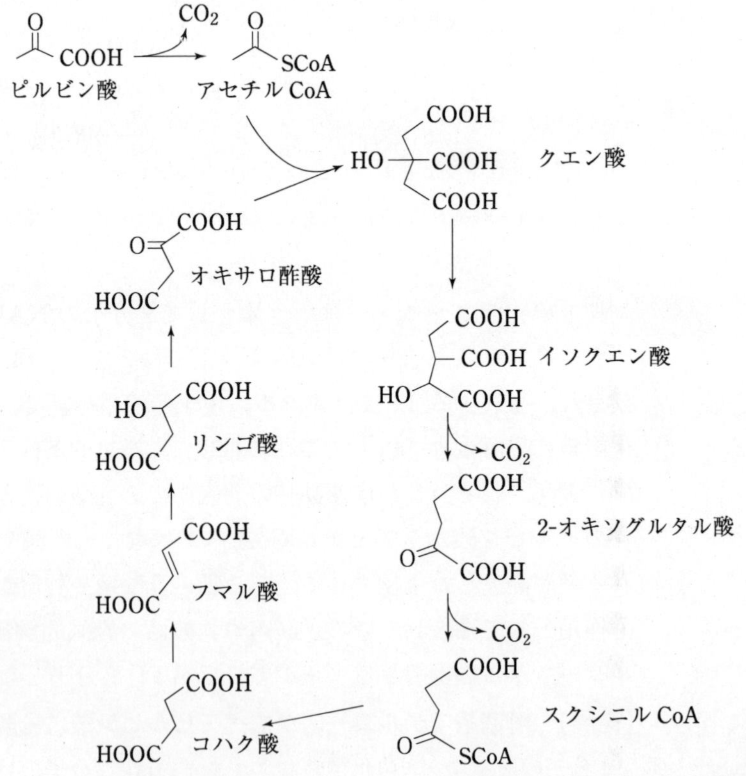

図 4.2　TCAサイクル：このサイクルでもっとも代謝回転が遅い酵素（律速酵素）はイソクエン酸からの2-オキソグルタル酸生成を触媒するイソシトレートデヒドロゲナーゼであるが，この酵素に対し，ATPのエネルギーが消費された結果として蓄積してくるAMPがこの酵素反応を促進させる作用を示す正のエフェクターとして作用する．C_4オキサロ酢酸とC_2アセチルCoAからのC_6クエン酸は，脱炭酸2回を経てC_4オキサロ酢酸に戻る．

キサロ酢酸と反応してクエン酸に取り込まれ，それはさらにイソクエン酸に変換される．イソクエン酸はイソクエン酸デヒドロゲナーゼによって 2-オキソグルタル酸に変換されるが，この反応では NAD^+ が NADH に還元されると同時に CO_2 1 分子が放出される．

2-オキソグルタル酸はデヒドロゲナーゼの作用により，スクシニル CoA に変換されるが，この反応でも NADH と CO_2 が生成する．次にスクシニル CoA のコハク酸への変換で GDP が GTP になる．GTP は ATP と同等の高エネルギー化合物である．さらに FAD が関与するコハク酸デヒドロゲナーゼによる反応でコハク酸はフマル酸に酸化され，同時に $FADH_2$ も生成する．さらにフマル酸はフマラーゼによりリンゴ酸へ導かれ，続いてリンゴ酸はリンゴ酸デヒドロゲナーゼにより，NAD^+ を NADH に変換すると同時にオキサロ酢酸へと酸化される．

この TCA 代謝系が 1 サイクル回転することにより，1 分子のアセチル CoA からは NADH が 3 分子，$FADH_2$ が 1 分子，そして GTP 1 分子が放出されるが，NADH や $FADH_2$ が電子伝達系によって再酸化される際，多量の ATP が合成される．

【発展】 解糖系でのピルビン酸

解糖系で生成するピルビン酸は TCA サイクルに入るためにアセチル CoA に変換され，炭素数は 3 から 2 に減少するが，そこで遊離する化学結合エネルギーは 1 分子の NADH 生成のエネルギーとして使われる．アセチル CoA が TCA サイクルに入り 1 回転の TCA サイクルが起こることにより，3 分子の NADH，1 分子の GTP，そして 1 分子の $FADH_2$ が生成する．すなわち，解糖系で 1 分子のグルコースに由来して 2 分子のピルビン酸が生成され，ピルビン酸 2 分子からアセチル CoA を通して TCA サイクルが 1 回転することによって，8 分子の NADH，2 分子の GTP（ATP とエネルギー的に同等），そして 2 分子の $FADH_2$ が生成することになる．

4.3 ペントースリン酸サイクル

グルコースの化学エネルギーは解糖系によってピルビン酸に代謝されることによって利用されるばかりでなく，解糖系の初期の代謝中間体，グルコース-6-リン酸を起点にしたペントースリン酸サイクルにおいても有効利用される．脂肪酸合成などに必要な水素供与体 NADPH の生産や核酸合成のためのリボース-5-リン酸の供給である．また，エリトロース-4-リン酸は植物や微生物におけるアミノ酸の合成原料となる．

このサイクルはグルコース-6-リン酸（炭素数 6，G-6-P）が脱炭酸してリブロース-5-リン酸（炭素数 5，ペントースリン酸）に変換されることにより

始まる．このペントースリン酸は，図4.3に示すように，異性化あるいはエピ化を受け，キシルロース-5-リン酸（炭素数5）とリボース-5-リン酸（炭素数5）に変換される．この2種の化合物からはセドヘプツロース-7-リン酸（炭素数7）とグリセルアルデヒド-3-リン酸（炭素数3，GA-3-P）が生合成される．この二つの化合物はさらに変換され，フルクトース-6-リン酸（炭素数6，F-6-P）とエリトロース-4-リン酸（炭素数4）になる．エリトロース-4-リン酸（炭素数4）とキシルロース-5-リン酸（炭素数5）との反応により同様の再変換が起こり，GA-3-P と F-6-P が生成する．ここで生成するGA-3-P は解糖系の一部を逆行し，F-6-P を経て G-6-P が生成しサイクルが完了する．

極めて複雑であるが，サイクルとして理解するために図4.3において6分子の G-6-P から始めてみるとよい．変換されていく分子数を太字で示してある．このサイクルが1回転することにより，6分子のG-6-Pが5分子のG-6-Pとして再生され，1分子に相当する G-6-P は6分子の二酸化炭素として分解されることがわかる．このサイクルを構成する炭素数5のリボース-

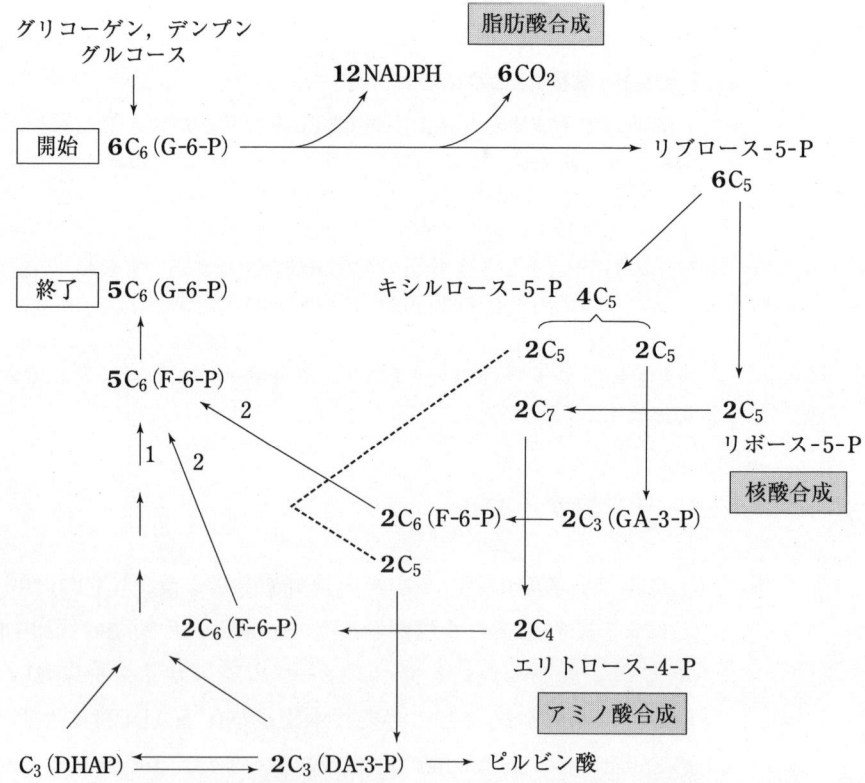

図 4.3 ペントースリン酸サイクル：グルコース-6-リン酸の脱炭酸反応によって生成したリブロース-5-リン酸（ペントース）は，キシルロース-5-リン酸（ヘキソース）とリボース-5-リン酸（トリオース）に導かれる．3個のペントースから1個のトリオースと2個のヘキソースができることになる．

5-リン酸は核酸合成に利用され，またエリトロース-4-リン酸はフェニルアラニン，チロシン，トリプトファンなどのアミノ酸合成に使われる．

1分子のG-6-Pからの最初の反応において2分子のNADP$^+$がCO$_2$を生じる脱炭酸反応の酸化剤として使われるが，生成したNADPHはこの系内で再酸化されることはなく，脂肪酸合成など他の生合成系に利用される．NADP$^+$の供給は後述するミトコンドリアでの電子伝達系を経て酸素につながる道での再酸化に依存する．この点で，好気的過程であることが強調される．グルコース-6-リン酸のエネルギーはNADPHに変換されるが，その効率は悪い．

4.4 電子伝達系

TCAサイクル系を回転させることによりピルビン酸が代謝されるが，その際補酵素としてニコチンアミドヌクレオチド（NAD$^+$）とフラビンヌクレオチド（FAD$^+$）が必要である．**ミトコンドリアは酸素を消費してエネルギー（ATP）を産生する細胞内器官**とよばれるが，どうしてなのだろうか？現在これらの補酵素と酸素消費とATP産生の関係は電子伝達系と酸化的リン酸化によって説明されている．

酸化的リン酸化とはNADHとFADH$_2$の酸化と連係したATP合成のことであり，これは電子伝達系（**呼吸鎖**ともよばれる）による電子伝達を通じて行われる．電子伝達系で解放されたエネルギーはプロトン（H$^+$）をミトコンドリアから汲み出し，プロトン濃度勾配をつくるのに用いられる．このプロトンはミトコンドリア内膜に存在するATP合成酵素作用を通して，ミトコンドリアに戻ってくるが，そのときにATPが合成されるわけである．この機構は"化学浸透圧説"としてミッチェルにより提唱され，多くの論争の後，受け入れられたものである．

ミトコンドリアとその内膜の概略を図4.4に示す．複合体I, II, III, そしてIVがミトコンドリア内膜に存在する．NADHは，複合体Iに，またFADH$_2$は，複合体IIに作用する．複合体Iに送り込まれた電子は次にコエンザイムQ（CoQ）に伝えられ，それと同時にH$^+$が内膜と外膜の間に放出される．

一方，複合体IIに送り込まれた電子は同様に次のCoQに伝えられる．このときにはH$^+$は放出されない．CoQに移った電子は次の複合体IIIに移され，シトクロムcに電子が移行するときに，同様にH$^+$が内膜から放出される．シトクロムcからの電子は複合体IVを経由し，その間に同様のH$^+$の内膜を介しての放出がある．最後に電子は酸素を使って水H$_2$Oの生成に

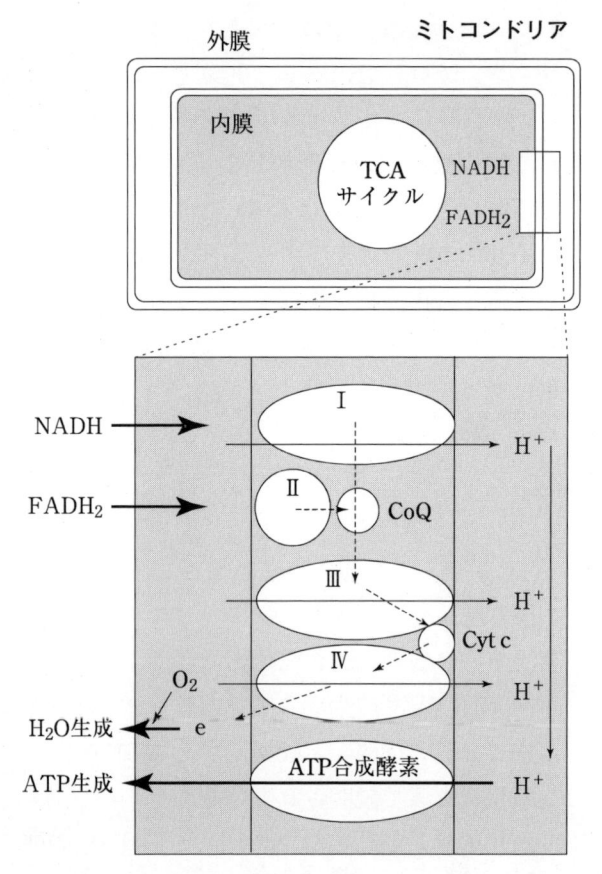

図 4.4 電子伝達と酸化的リン酸化：酸素を消費したとき得られるエネルギーATP量は，NADHからNAD$^+$1分子生成では3分子，FADH$_2$からのFAD$^+$の場合は2分子に相当する．

使われる．内膜と外膜の間に放出されたH$^+$により，内膜を介してのH$^+$濃度の勾配が生じ，その濃度勾配差を解消するように，内膜に存在するATP合成酵素の触媒作用によりADPからATPが生成する．このH$^+$濃度勾配が利用される反応系において，1分子のNADHとFADH$_2$は，それぞれATP 3分子と2分子のATPの生成に相当する．この一連の電子伝達系により，酸素を消費しH$_2$Oが生成し，ADPをリン酸化してATPが生成する．

【発展】 グルコース代謝

グルコース代謝での解糖系，引き続くTCAサイクルによって生成するNADHとFADH$_2$は電子伝達と酸化的リン酸化（好気的条件）の過程を通して，ATPの化学結合エネルギーに変換される．グルコース1分子から，解糖系では2分子のATP以外に2分子のNADHと2分子のピルビン酸が生成する．2分子のピルビン酸からはTCAサイクルにより8分子のNADH，2分子のFADH$_2$そして2分子のGTPが生成する．したがって全体では，2分子のATP，10分子のNADH，2分子のFADH$_2$そして2分子のGTPが生成することとなる．

すべてATPの生成量に換算してみると，合計36分子のATPと2分子の

GTPが生成することとなる．1分子のNADHの生成は3分子のATPの生成に相当し，1分子のFADH$_2$の生成は2分子のATPの生成に相当する．またGTPの三リン酸エステル構造に内蔵されている化学結合エネルギーはATPのそれと同等であるから，グルコース1分子に内蔵する化学結合エネルギーは酸素を消費して38分子のATP生成へと変換することになる．

解糖系で生成する2分子のNADHは細胞質からミトコンドリアに移行できず，グリセロリン酸シャットルという系を介してミトコンドリア内では2分子のFADH$_2$に変換される．このことが考慮された場合はグルコース1分子からは36分子のATP生成となる．

一方，筋肉（嫌気的条件）や発酵を行う微生物でのグルコース代謝では，解糖系によって2分子のATP，2分子のNADHそして2分子のピルビン酸が同様に生成されるが，この2分子のピルビン酸はせっかく獲得した2分子のNADHを消費して乳酸に変換される．したがって筋肉でも発酵微生物でも，グルコースを乳酸に代謝する場合，獲得するのはグルコース1分子からは2分子のATPとなる．

【発展】 ATPと熱

熱はエネルギーであり，もともとは太陽エネルギーに由来する．代謝全体を通して，生体内でのエネルギー通貨はアデノシン三リン酸，つまりATPである．このATPはミトコンドリア内膜でのATP合成酵素の作用で合成されるが，この際水素濃度勾配差のエネルギーはATPのリン酸結合のエネルギーとして貯えられる．しかし，そのとき，あるタンパク質（uncoupler protein）が存在すると，水素濃度勾配差のエネルギーはATP合成ではなく，熱エネルギーとなり放出される．恒温生物（定温動物）ではこの熱エネルギー放出を進化上獲得してきた．私たちの体の中ではとくに，脂肪細胞がこの役割を担っている．

4.5 脂質の代謝と生合成

a. 脂肪酸のβ酸化

主要な脂質であるリン脂質化合物からATPというエネルギー通貨を生産する系をみてみよう．脂質は**グリセロール**の三つの水酸基に脂肪酸がエステル結合したトリグリセリドとして大量に貯えられる．トリグリセリドが加水分解された後に生ずる脂肪酸はどのように代謝されるのだろうか．Knoopによって提唱された**β酸化説**は脂肪酸代謝において順次C$_2$単位が取り除かれるというものであったが，現在その説が正しいことが証明されている．脂肪酸のβ酸化の機構は図4.5のようにまとめられている．

【発展】 脂肪酸代謝

脂肪酸代謝では細胞質での遊離脂肪酸がミトコンドリア膜でCoAエステル体に変換され，その後ミトコンドリア内でβ酸化を受け分解される．脂肪酸の中でパルミチン酸を例に獲得されるATPエネルギーを考察してみよう．

1分子のパルミチン酸はパルミトイルCoAに変換されるとき，1分子のATPを消費するが，解糖系でみられるATP消費の場合のように，ADPになるのでは

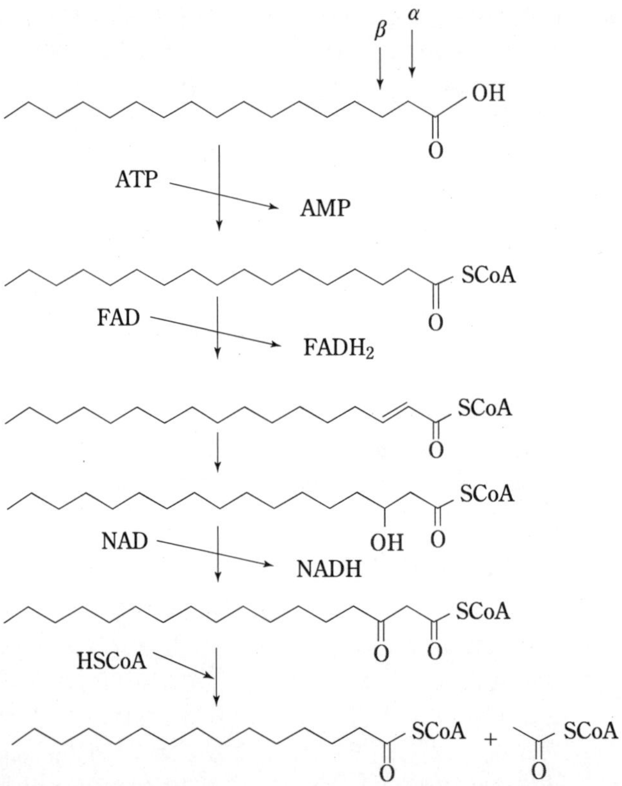

図 4.5 脂肪酸の β 酸化：脂肪酸（ここでは例としてパルミチン酸）は，アシル CoA シンテターゼ，アシル CoA デヒドロゲナーゼ，エノイル CoA ヒドラターゼ，3-ヒドロキシアシル CoA デヒドロゲナーゼ，3-ケトアシル CoA チオラーゼによる 5 段階の触媒を受け，C_2 単位に相当するアセチル CoA が遊離する．このような C_2 単位ずつの分解反応が繰り返し起こることにより，$FADH_2$, NADH が産生され，それらは電子伝達系での酸化的リン酸化により ATP 合成につながる．

なく，ATP は AMP に分解される．これは，ATP の三リン酸エステルが二リン酸を経てモノリン酸へとリン酸エステル結合が 2 回切断されること，つまりそのときに 2 度遊離するエネルギーが CoA エステル生成に使われるということを意味する．それゆえ，この CoA エステル生成過程は 2 分子の ATP 消費に相当する．

パルミトイル CoA は炭素鎖長 C_{16} なので，7 回 β 酸化が繰り返される．すなわち 7 分子の $FADH_2$，7 分子の NADH そして 8 分子のアセチル CoA が生成する．8 分子のアセチル CoA は TCA サイクルにより 24 分子の NADH，8 分子の $FADH_2$ そして 8 分子の GTP に変換される．

ここまでで，1 分子のパルミチン酸から，2 分子の ATP の消費，31 分子の NADH，15 分子の $FADH_2$ そして 8 分子の GTP の生成となる．グルコース代謝での電子伝達系の酸化的リン酸化における ATP 換算と同様に，NADH は 3 分子の ATP に相当し，$FADH_2$ は 2 分子の ATP に相当し，そして GTP は 1 分子の ATP に相当するから，2 分子の ATP の消費を考慮しても，1 分子のパルミチン酸が β 酸化を受け，分解されることにより 129 分子の ATP が獲得される．グルコースの分解により獲得される ATP 38 分子であるのに比べて，パルミチン酸の場合にはエネルギーとして獲得できる ATP の量は約 3 倍ほど多いことにな

4.5 脂質の代謝と生合成

る．ただし，グルコースの炭素数は6であり，パルミチン酸のそれは16であるので，炭素1個あたりに換算すると，3：4の割合になるから，パルミチン酸の方が，エネルギー獲得の点からすればいくらかまさっていると言うことができる．

b．脂肪酸の合成

脂肪酸の分解に対して，脂肪酸の合成はどのようになっているのだろうか．図4.6に示すように，脂肪酸合成での単位はアセチルCoAにCO_2が導入されたマロニルCoAである．マロニルCoAは炭素鎖長としてはC_3だが，アセチルCoA（アシルCoA）との反応では，CO_2を放出してC_2単位が付加され，脂肪酸炭素が伸長する．脱炭酸を伴って結合した後，NADPHを補酵素にしての還元，さらに脱水，そして再びNADPHを補酵素にした還元を受け，C_2単位伸長したアシルCoAになる．

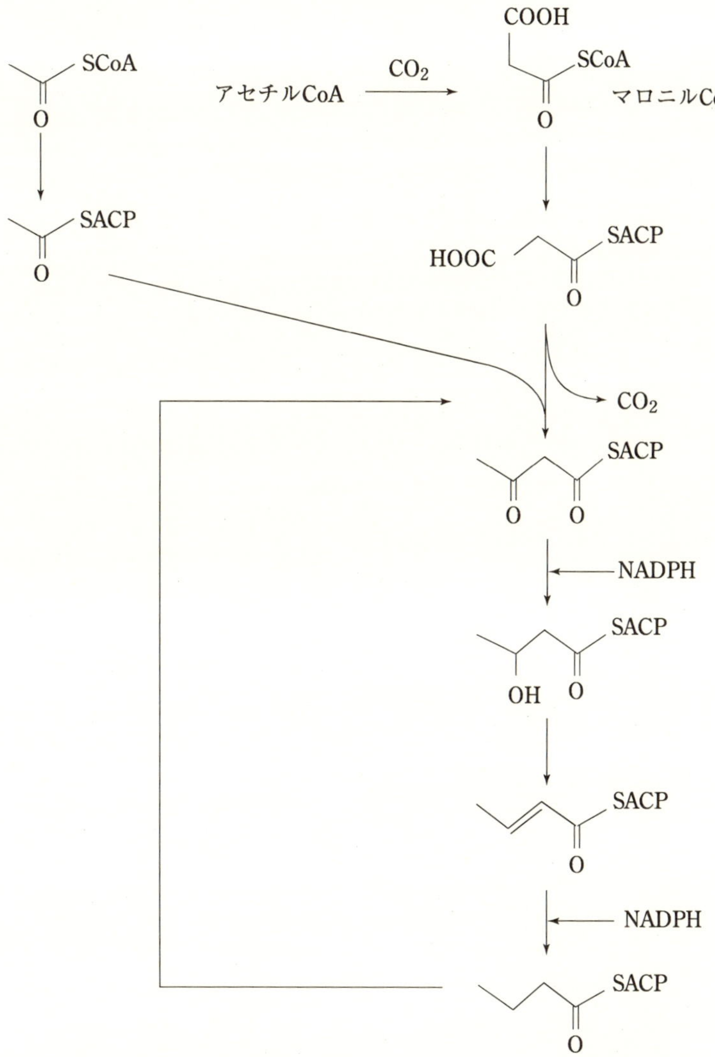

図 4.6 脂肪酸の合成：ACPはアシルキャリヤータンパク質

このサイクルが繰り返されることにより次々と伸びたアシルCoAが合成される．脂肪酸合成においては，C_2単位の伸長になるので，天然における脂肪酸は偶数炭素をもつことになる．

c. イソプレノイドの合成

脂肪酸合成では，アセチルCoAが重要な生合成上の前駆体である．同様にコレステロールなどのイソプレノイド化合物の生合成においても，図4.7に示すようにアセチルCoAから生合成される．アセチルCoAが2分子縮合し，アセトアセチルCoAになり，さらにもう1分子のアセチルCoAと反応して3-ヒドロキシ-3-メチルグルタリルCoAが生ずる．

次に還元酵素によりメバロン酸が生成する．その後，リン酸化と脱炭酸を受けた後，いわゆる生理活性イソプレン単位としてのイソペンテニル二リン酸（IPP）が生成する．イソプレノイド生合成系でこのIPPが3分子縮合することにより，C_{15}のファルネシル二リン酸が生合成され，これが二量化してスクアレンに，そしてさらに環化してステロイド骨格が生合成される．

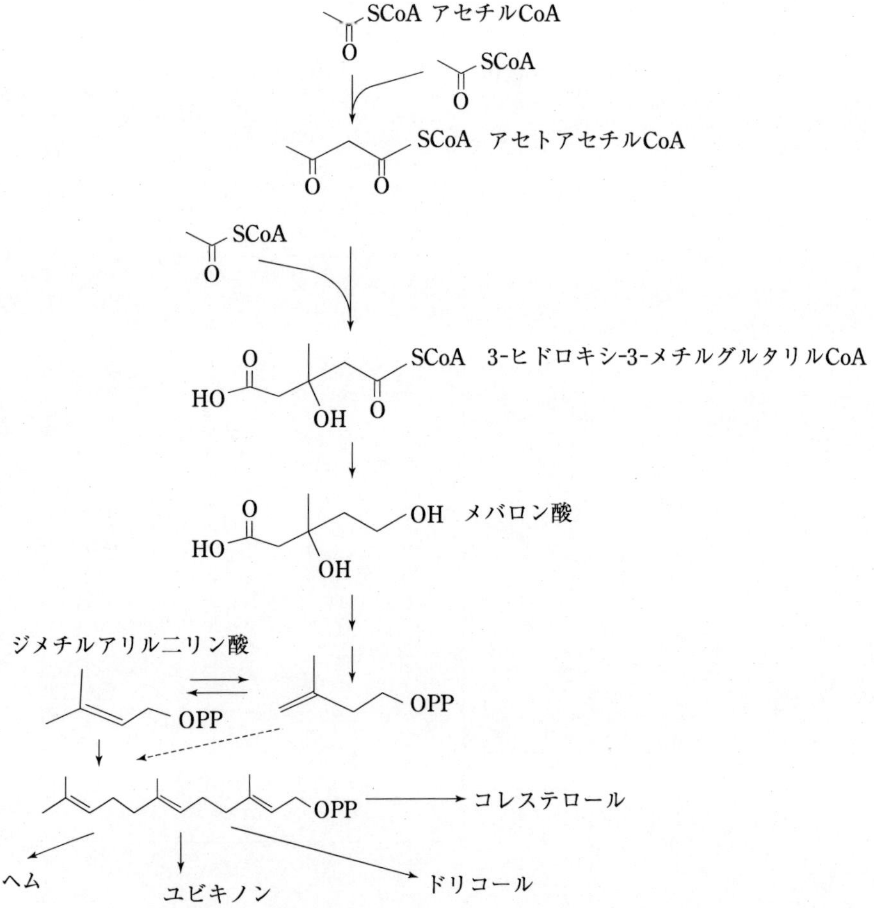

図4.7 イソプレノイド生合成：活性イソプレン単位はイソペンテニル二リン酸

【発展】 β 酸化に対する α 酸化

脂肪酸の β 酸化は，カルボン酸の炭素から数えて 3 番目（3 位）の，つまり β 位の炭素が水酸化される．その β 位の炭素がメチル基の枝分かれをもつ $-CH(CH_3)-$ のようなイソプレノイド化合物の一種である分岐型脂肪酸の場合，どのように酸化分解を行うのであろうか．

レフサム病という遺伝子異常による神経失調症ではそのような分岐型脂肪酸（フィタン酸）が異常な量で血液や尿に検出される．そのフィタン酸の代謝研究から，α 酸化経路が見出された．図 4.8 に示すように，フィタン酸はコエンザイム A（CoA）とのチオエステル化合物に変換された後，その α 位の炭素が水酸化される．そののち，α-ケト化合物を経由して炭素鎖が一つ短いカルボン酸チオエステルに変換される．その後は β 位に障害となるメチル基がないので，β 酸化系で分解される．レフサム病に関して，その原因遺伝子の研究も最近進み，遺伝子変異を起こしているのは，その α 酸化をつかさどる酵素であることが解明されている．

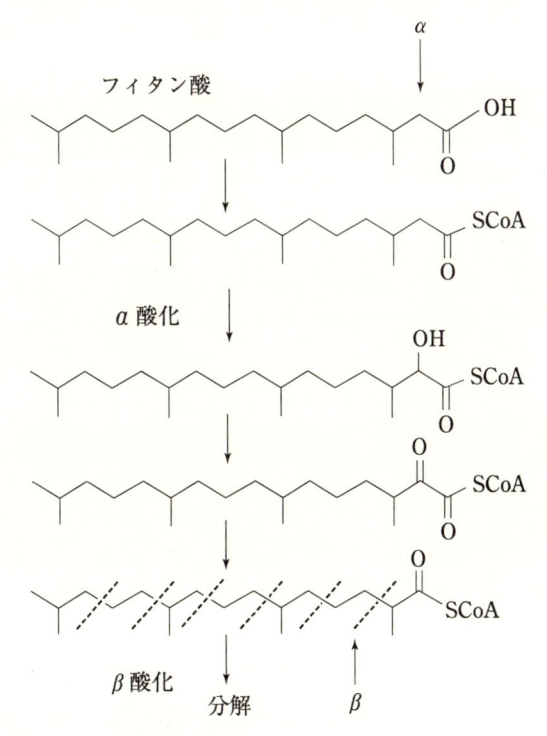

図 4.8 分岐型脂肪酸の α 酸化と引きつづく β 酸化分解

【発展】 肥満と動脈硬化には健康管理の上で注意が必要

これらは脂質代謝での中性脂肪（TAG）とコレステロールに大きく関与する．体内での生合成の観点からみてみよう．TAG はグリセロールと脂肪酸のエステル体である．グリセロールはグルコースからのグリセルアルデヒド-3-リン酸に由来する．脂肪酸はグルコースからの解糖系を経て，アセチル CoA を原料に合成される．一方，コレステロールも同様にグルコースからのアセチル CoA を経て，メバロン酸に由来する．

この基本的な生合成系がある中で，食事として多量なデンプン（グルコースの

> **C_2ポリマーの脂肪酸とC_5ポリマーのイソプレノイド**
>
> 　脂肪酸の生合成では偶数の前駆体に対して，炭素鎖長C_3のマロニルCoAが脱炭酸を伴いながら，C_2単位のポリマーが構築されている．一方，イソプレノイドの炭素鎖延長の生合成では，C_5単位のイソプレンのポリマーとなっている．それぞれの鎖延長反応は対応する合成酵素によって進行するが，脂肪酸合成の場合は基質がCoAエステル，イソプレノイド合成の場合は基質が二リン酸エステルでなければ反応は進行しない．
>
> 　α酸化の項で述べたフィタン酸は分岐型脂肪酸であるが，生合成的には植物においてC_{20}のゲラニルゲラニル二リン酸というイソプレノイド化合物がさらに還元を受けたものであり，イソプレノイド酸ということができる．この化合物は四つのメチル基による分岐はあるが，直鎖としてはC_{16}である．これは脂肪酸生合成上での偶数炭素鎖としての前駆体の条件を満たす．ひょっとして脂肪酸生合成での酵素がこのイソプレノイド酸とマロン酸の脱炭酸を伴っての反応を触媒しないのだろうか？もしも一段階でも反応が進むとすれば，少なくともC_5のイソプレン4単位からなるC_{20}とC_2を合わせた，C_{22}のイソプレノイドと脂肪酸ハイブリッド型の化合物ができることになる．そんなことを考えてみるのもとても楽しいことである．

原料）や脂肪酸，またTAGやコレステロールそのものが取り込まれてくる．健康であるということは，体内での生合成と体外からの取り込みのバランスがうまく調節されていることを意味する．過剰な食事の摂取により少しずつその調節が機能しなくなるので，そのときは食事制限ということになる．健康であれば，TAGやコレステロール生合成の原料であるグルコースが血液とともに全身を回って個々の細胞に取り込まれる．しかし，この取り込み効率が悪くなることで血中のグルコース濃度が高まり，個々の細胞での代謝系に異常をきたす．インスリンというホルモンはこのグルコースの取り込みを促進するが，グルコースの取り込み異常となって発症する糖尿病が成人病の中で増加の一途をたどっており，問題になっている．いずれにしても，過剰な食事を避け自分自身の生合成系を含めたバランスを大切にすべきであろう．

4.6 アミノ酸の代謝と合成，分解

　タンパク質の構成成分となる20種類のアミノ酸の解析はそもそも栄養学的研究によって行われたが，動物ではそのうちの約半数のアミノ酸を体内で生合成することができない．ヒトはトレオニン，メチオニン，バリン，ロイシン，イソロイシン，リシン，フェニルアラニン，トリプトファンの8種類を生合成できない．これらを必須アミノ酸といい，われわれは食事として補給する必要がある．その他の非必須アミノ酸については炭素骨格を合成したり，食事で得た他の化合物やアミノ酸から窒素を転移させて生合成している．

　個々のアミノ酸の代謝は詳細に解明され，メタボリックマップとしてまとめられている．ここではアミノ酸代謝のうちの重要な反応を解説する．アミ

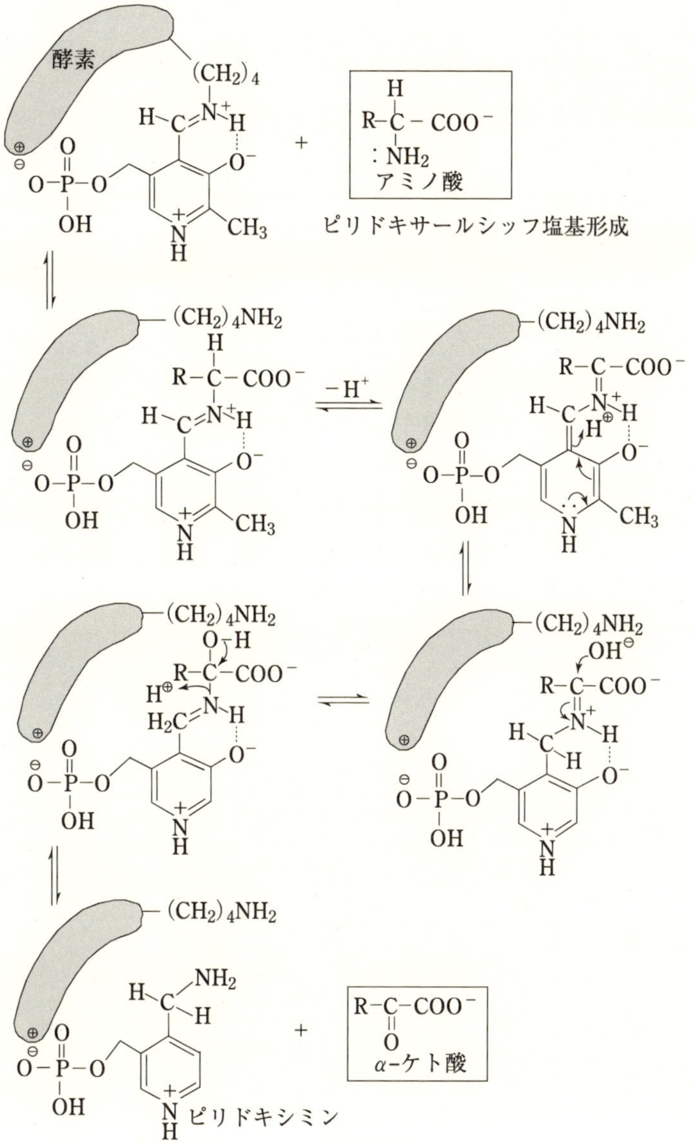

図 4.9 アミノ基転移反応のメカニズム

ノ酸の合成におけるアミノ基転移反応とアミノ酸の分解における脱アミノ反応，および脱炭酸反応である．

a．アミノ酸の合成

必須アミノ酸以外のアミノ酸はピルビン酸，オキサロ酢酸，α-ケトグルタル酸など，解糖系と TCA サイクルにおける代謝中間体などにアミノ基を転移させることで生合成されている．**アミノ基転移反応**は，一つのアミノ酸のアミノ基がほかの α-ケト酸のカルボニル基の炭素に転移し，新たにアミノ酸を生成する反応である．

この反応を触媒する酵素はトランスアミナーゼである．トランスアミナー

ゼは補酵素にビタミン B_6（ピリドキサールリン酸）を用いている．図4.9に示すように酵素の活性部位にあるリシン残基の ε-アミノ基とピリドキサールリン酸がシッフ（Schiff）塩基をつくって結合している．基質としての一つのアミノ酸のアミノ基とピリドキサールシッフ塩基が形成され，図に示す中間体を経由して，そのアミノ酸のアミノ基はピリドキシミンに移行し，α-ケト酸が生成する．基質として別の α-ケト酸が存在する場合，ピリドキシミンとの反応が進行し（この場合図では逆行），補酵素はピリドキサールリン酸に戻り，基質としての α-ケト酸は，アミノ酸として生成する．図4.10にいくつかの例を示した．

オキサロ酢酸や α-ケトグルタル酸などの α-ケト酸が基質となって入ってくると還元的にアミノ化され，α-ケト酸のカルボニル基の炭素に転移したアミノ酸が合成される．すなわち，オキサロ酢酸からはアスパラギン酸，α-ケトグルタル酸からグルタミン酸，ピルビン酸からアラニンが生合成されることになる．

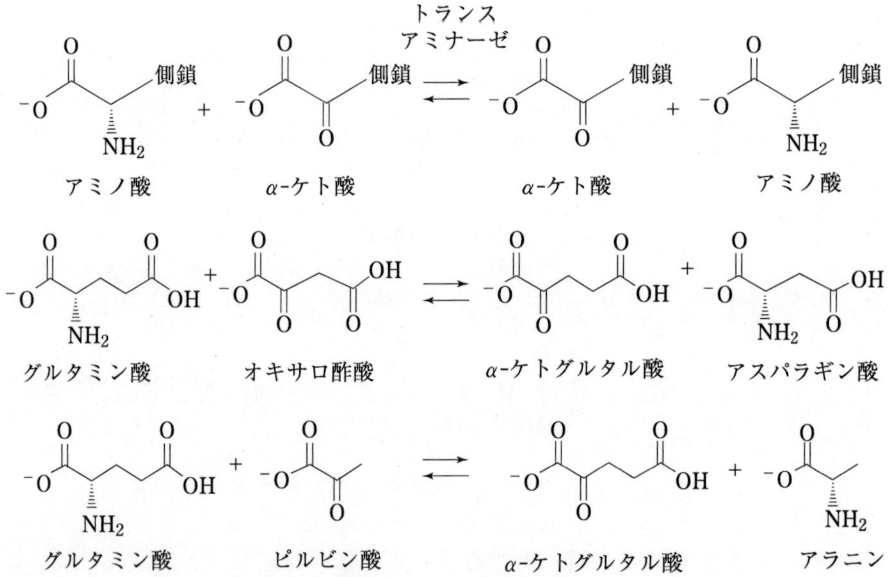

図 4.10 アミノ基転移反応の例

b．アミノ酸の分解

アミノ酸の合成は還元的アミノ化であるが，分解は酸化的な**脱アミノ反応**である．脱アミノ反応は，NAD^+ を使うものと FAD を使うものに分けられる（図4.11）．前者の例はグルタミン酸デヒドロゲナーゼによる反応である．

後者の例にはアミノ酸オキシダーゼがある．この反応にはフラビンタンパク質の FAD が必要であるが反応中間体での $FADH_2$ は酸素によりもとの

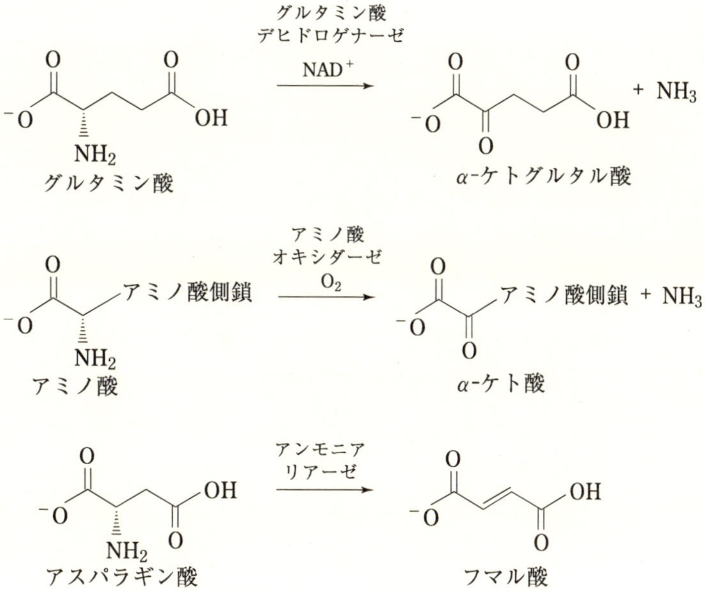

4.6 アミノ酸の代謝と合成，分解

図 4.11 アミノ酸分解

FADに戻り反応系には現れない．またこの反応は不可逆である．
　非酸化的に行われる脱アミノ反応にはアンモニアリアーゼがある．

c．脱炭酸反応

　この反応はアミノ酸デカルボキシラーゼによって触媒される．ヒスチジンから生成されるヒスタミンやグルタミン酸から代謝されるγ-アミノ酪酸にはいろいろな生理作用がある（図4.12）．

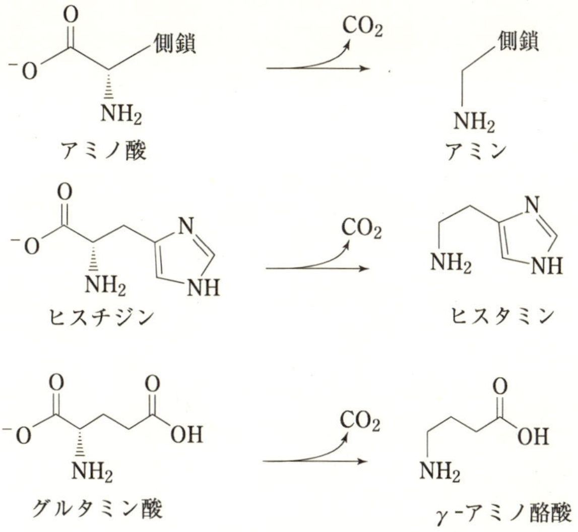

図 4.12 脱炭酸反応

d. 尿素サイクル

　　以上示してきたのはアミノ酸の重要な反応であるが，もう一つ重要なものに**尿素サイクル**がある．これはアミノ酸分解での窒素の代謝排泄とみることができる．図4.13に示すように，この尿素サイクルは細胞質と細胞内小器官ミトコンドリア内とにまたがったものである．アミノ酸分解で生じたアンモニアは二酸化炭素との反応でATPを使ってカルバモイルリン酸に変換される．これがオルニチンのγ-アミノ基と反応し，シトルリンが生ずる．シトルリンはアスパラギン酸のα-アミノ基との反応でATPを使ってアルギノコハク酸に変換される．細胞質において，アルギノコハク酸はフマル酸を放出してアルギニンに変換される．アルギニンはアルギナーゼという分解酵素の作用によりオルニチンに変換されるが，この際に尿素が生成する．

　　図4.13に示した尿素サイクルにより，遊離のアンモニアの窒素（網かけで表記）とアスパラギン酸のα-アミノ基の窒素（太字で表記）が尿素として排泄されることになる．

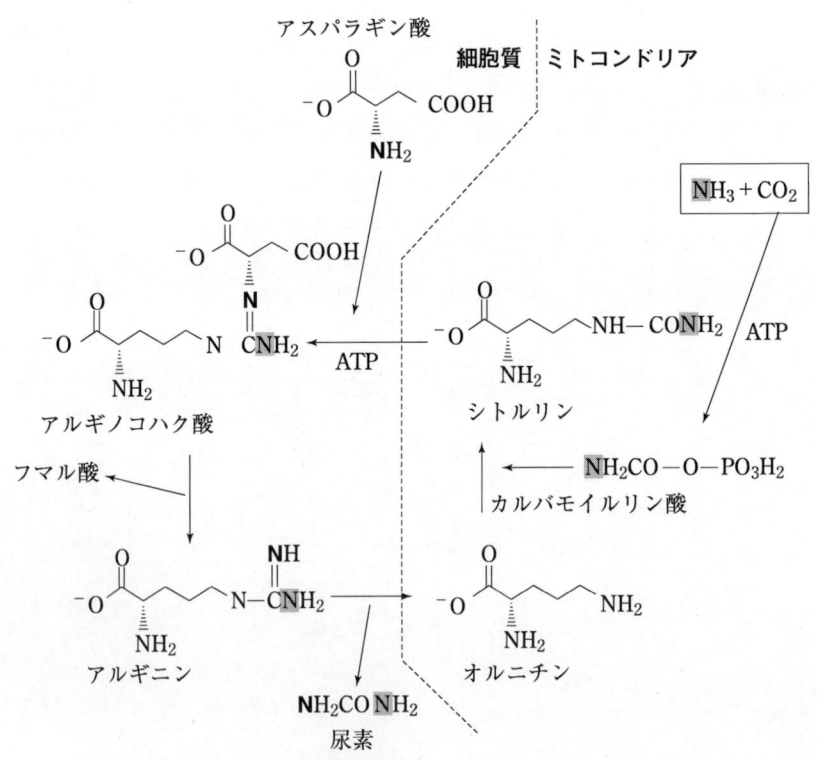

図 4.13 尿素サイクル：アミノ基転移反応に由来するアスパラギン酸のアミノ基（太字），そしてアミノ酸分解に由来するアンモニアの窒素（網かけ）が尿素として排泄される．

【例題 4.1】 アミノ酸代謝上における窒素排泄として尿酸となる場合を考えてみよ．

[解答] アミノ酸代謝分解で生じる窒素の排泄には大きく3とおりある．水生動物は単にアンモニアとして排泄する．進化の過程でアンモニアを毒性の低い物質に変え排泄に必要な水の量を減らす手段があらわれた．私たちヒトを含むほとんどの陸生脊椎動物は尿素あるいは尿酸として排泄する．尿素での窒素排泄では，アミノ酸の酸化的脱アミノで生ずるアンモニアとアスパラギン酸のアミノ基の窒素が尿素として排泄されることになる．尿酸での窒素排泄では，尿酸が核酸塩基のプリン環由来の代謝物であるので，プリン環に含まれるアスパラギン酸のアミノ基，グルタミンのアミドとグリシンのアミノ基の窒素が尿酸として排泄されることになる．鳥と陸生爬虫類では，この尿酸としての排泄が主である．

4.7 代謝の調節と発酵

以上述べてきたように糖（炭水化物），アミノ酸（タンパク質），そして脂肪酸（脂質）それぞれの代謝は生命活動を効率よく維持するために，全体でバランスをとって代謝を進めていくため，いろいろな代謝反応生成物の細胞内における濃度を一定に保つように，複雑な代謝系の調節がなされている．それらの複雑な調節系の一つを糖代謝からのATP生成という観点からみてみよう（図4.14）．

前述したように，グルコースの結合エネルギーは，グルコースから解糖系を経てピルビン酸への変換，さらにアセチルCoAを経てTCAサイクルに入ることにより，NADHやFADH$_2$へと受け渡され，それらは最終的には

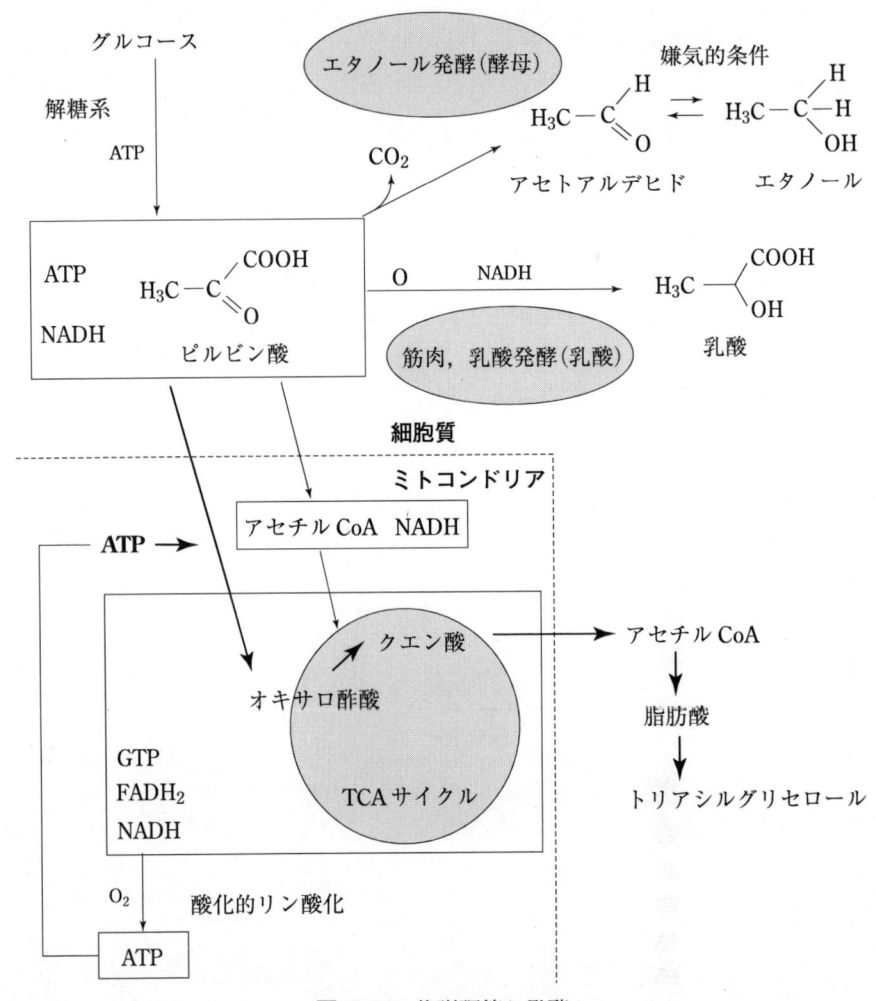

図 4.14 代謝調節と発酵

電子伝達系において酸素を消費しての高エネルギー化合物，ATP の生成に至る．ATP の濃度を常に一定量維持するために重要な調節の例として，最終産物である ATP が多量に蓄積した場合のことを考えてみよう．その場合，ピルビン酸からのオキサロ酢酸への変換酵素が ATP によって活性化され，結果としてピルビン酸から生成していたアセチル CoA とオキサロ酢酸から生成するクエン酸がミトコンドリアから細胞質に移される．そこでクエン酸はアセチル CoA とオキサロ酢酸に分解される．このアセチル CoA は脂肪酸合成に導かれ，トリアシルグリセロール（脂肪エネルギー源）として貯えられる．オキサロ酢酸の方は細胞質においてリンゴ酸を経てピルビン酸に変換され，その後ミトコンドリアに移り，クエン酸となる．

もう一つの重要な調節例は，体内で十分な酸素の供給がない場合，たとえば運動によって筋肉細胞を動かすために最終産物としての ATP が急激に消

4.8 光合成

費された場合，グルコースは解糖系でピルビン酸に代謝されるが，ピルビン酸はアセチルCoAへの代謝ではなく，NADHを用いて乳酸へ代謝される．つまり，解糖系から得られるATPのみをエネルギーとして使うことになる．疲労をもたらすのは，乳酸の筋肉での蓄積であるが，その後の疲労回復は，蓄積された乳酸が好気条件下でピルビン酸に戻り，TCAサイクル→電子伝達系→ATP合成へと代謝されることによってなされている．

高等生物の細胞が運動時に行う嫌気的条件でのATPの利用と同様に，ピルビン酸を還元することでNADHを酸化し，NAD^+を再生する微生物が存在する．これを微生物による**発酵**という．ピルビン酸からの最終代謝物が，乳酸の場合は**乳酸発酵**といい，アルコール（エタノール）の場合は**エタノール発酵**という．ヨーグルトは乳酸菌の乳酸発酵を利用したものであり，各種の酒は特殊な酵母のアルコール発酵を利用したものである．

4.8 光合成

炭水化物，脂質などの有機化合物は，代謝過程を通して最終的に酸素によってCO_2とH_2Oに分解される．その際獲得されるATPはエネルギーとして細胞に利用される．これは呼吸として示される．

それでは，エネルギー通貨としてのATPの源となる有機化合物に貯えられているエネルギー（化学結合エネルギー）はどこからくるのだろうか．それは太陽からの光エネルギーに由来する．地球上に飛来する太陽光エネルギーを植物が捕らえ，そのエネルギーはCO_2とH_2Oから生合成される有機化合物（グルコース）の結合エネルギーに変換されるのである．この過程を

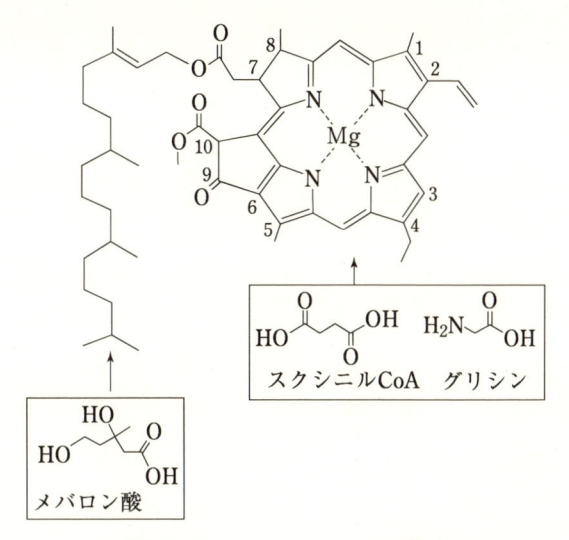

図 4.15 クロロフィルaの構造

光合成という．CO_2 と H_2O からの光合成産物である有機化合物は，呼吸を通して再び CO_2 と H_2O に分解されるので，生物界において炭素を中心とした大きな循環系が成立している．

光合成は植物体内にある**クロロプラスト（葉緑体）**という極めて高度に発達した細胞内小器官で行われる．図 4.15 に示したのは太陽から直接の光エネルギーを取り込む分子の一つであるクロロフィル a の構造である．5 員環のイミダゾール 4 分子がそれぞれ炭素一つを介して形成される大環状化合物が基本骨格である．この 12 員環からなる基本骨格はポルフィリン環とよばれ，中央部に Mg イオンが配位している．さらに，イソプレノイド脂質であるフィチル基が側鎖として結合している．ポルフィリン環はスクシニル CoA とグリシンから生合成され，また側鎖のフィチル基はメバロン酸から生合成される．光のエネルギーはこのクロロフィルを介して系内で電気エネルギーに変換され光合成反応が進行する．

図 4.16 に示すように，この光エネルギーを捕まえるクロロフィル化合物はクロロプラスト内のチラコイド膜内に存在する光化学系 II（PS II）複合体

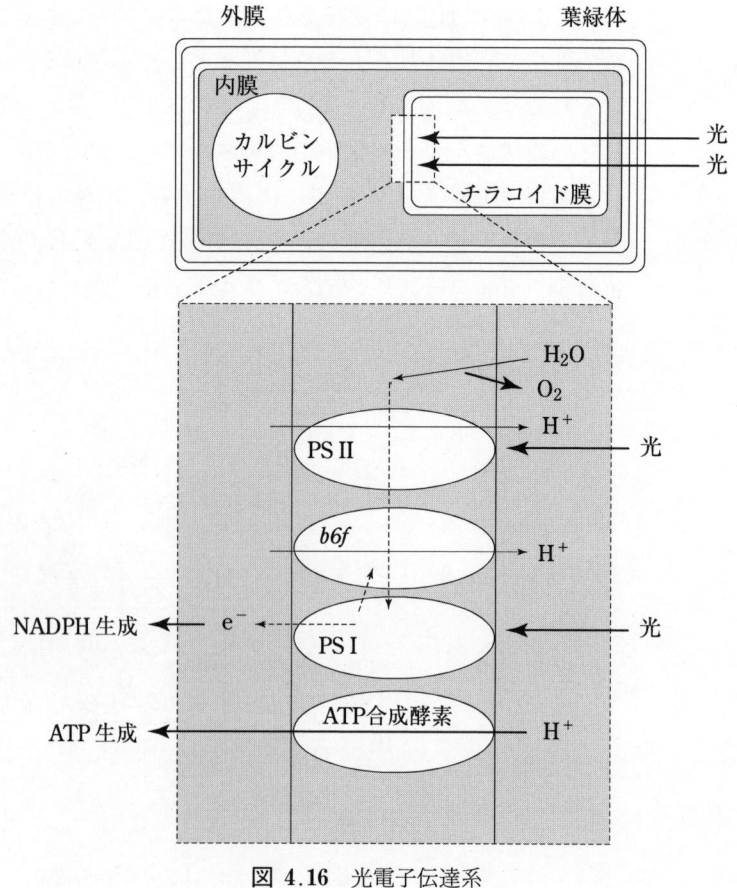

図 4.16 光電子伝達系

4.8 光合成

の中にある．光はPS IIと光化学系I (PS I)の両複合体に作用するが，クロロフィルを含むPS II複合体において，活性化電子の移動が起きる．その際，その電子のエネルギーの一部がストロマからの水素イオンのチラコイド膜の内部への移動に使われ，またこの電子移動を補うように，酸素の放出を伴うH_2Oの分解が連動する．

移動電子はフェレドキシンを含むシトクロームチラコイド膜内$b6f$複合体を流れ，このときさらに水素イオンの移動が起きる．その後電子はPS I複合体に導かれ，ここで光のエネルギーを用いて，より活性化された電子になる．この活性化電子は一部循環経路に入り，再びシトクローム$b6f$複合体に戻る．循環経路に入らない電子（非循環経路）は，NADPHの生成に使われる．

一方，これら活性化電子のエネルギーはその移動に伴いチラコイド膜の内側への水素イオンの移動に使われている．そのことにより，チラコイド膜を挟んで水素イオンの濃度勾配が生じる．その水素イオンの濃度勾配を形成するエネルギーは，チラコイド膜内に存在するATP合成酵素の触媒作用に利用され，ATP生成（光リン酸化）に使われる．PS I複合体だけに作用する光エネルギーの場合，水の分解による酸素の放出は起きない．

これらの全体の光化学反応は，個々の研究を総合したものである．Hill反応として示されたのは，NADPHが生ずるという次の反応系で表される．

$$2\,NADP^+ + 2\,H_2O \xrightarrow[\text{クロロプラスト}]{\text{光}} 2\,NADPH + 2\,H^+ + O_2$$

また，**サイクル（循環）式光リン酸化**として示されたのは，ATPだけが生じる光リン酸化であり，次の反応系として表される．

$$n\,ADP + n\,H_3PO_4 \xrightarrow[\text{クロロプラスト}]{\text{光}} n\,ATP + n\,H_2O$$

さらに，**非サイクル光リン酸化**として示されたのは，光リン酸化でATPのみならず，水からの電子が電子受容体に移り，これに伴ってO_2を発生するという反応であり，次の反応式で表される．

$$4\,Fd + 2\,ADP + 2\,H_3PO_4 + 4\,H_2O \xrightarrow[\text{クロロプラスト}]{\text{光}}$$
$$4\,Fd(red) + 2\,ATP + O_2 + 2\,H_2O + 4\,H^+$$

これらの極めて巧妙な光合成の前半段階（光エネルギーの電子エネルギーへの変換を介しての酸素，NADPHそしてATP生成への変換）が，明らかにされてきたが，これらは光が当たることによってチラコイド膜において生ずる反応系であり，**明反応**としてまとめられる．

この前半段階の光合成により，光エネルギーから獲得したエネルギー

（NADPHとATP）は光合成後半段階である二酸化炭素の有機化合物への取り込み反応により，炭素-炭素の結合エネルギーに変換されることになる．これらは，**暗反応**とよばれる．

　暗反応は明反応に対するものであるが，光に依存する反応に対して，光に依存しない反応という方が正しい．暗反応は，**カルビンサイクル**（図4.17）を形成する．このサイクルで重要なのは二酸化炭素の固定化がリブロース-1,5-ビスリン酸（C_6化合物）に対して起き，その後2分子のグリセルアルデヒド-3-リン酸（GA-3-P，C_3化合物）ができる点であり，C_2化合物に対しての二酸化炭素の固定化でないという点である．この固定化反応はルビスコ（リブロース-1,5-ビスホスフェートカルボキシラーゼ）という酵素によって触媒される．生成するGA-3-Pは前半の光合成で得られるATPとNADPHを消費して解糖系（網かけで示す）を逆行し，さらに部分的ペントースリン酸サイクルを逆行する．このカルビンサイクルも複雑であり，3分子のリブロース-1,5-ビスリン酸が変換されると考えると理解しやすい．

　炭素-炭素の結合エネルギーとして光合成後半で獲得される一次産物は，GA-3-Pであり，これは3分子のリブロース-1,5-ビスリン酸から1分子生

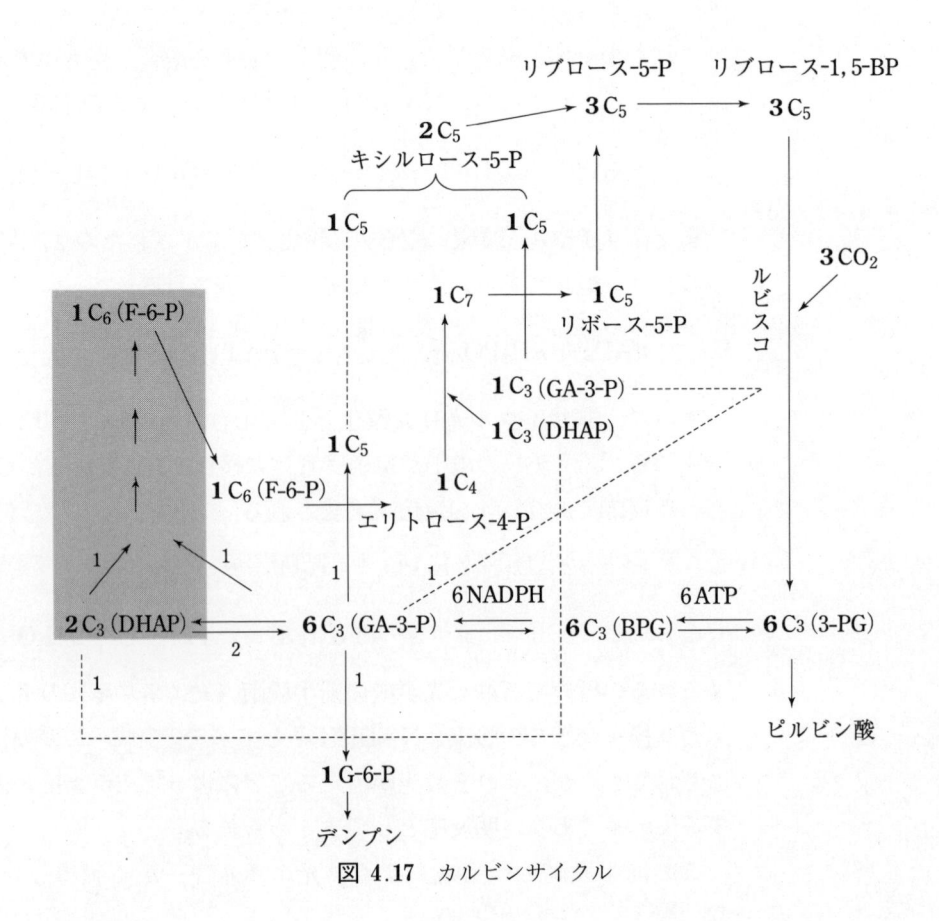

図4.17 カルビンサイクル

成するということになる．このサイクルの収支は次の式で表される．

$$3\,CO_2 + 9\,ATP + 5\,H_2O + 6\,NADPH + 6\,H^+ \longrightarrow$$
$$GA\text{-}3\text{-}P + 9\,ADP + 6\,NADP^+ + 8\,H_3PO_4$$

カルビンサイクルは光合成での光に依存しない暗反応であるが，日中において明反応とこの暗反応が活発に進行することが明らかにされている．詳細な研究により，夜になると植物は解糖系，酸化的リン酸化，ペントースリン酸サイクルによりATPやNADPHをつくり出し，それらが夜の間にカルビンサイクルにおいて消費されないよう制御されている．

【発展】 植物と動物

植物は地球に存在し，太陽光を利用して，結果ルビスコという酵素タンパク質の作用により二酸化炭素を固定する．この酵素タンパク質は植物においてもっとも多く存在する．また，植物に対して動物でもっとも多く存在するタンパク質はコラーゲンである．これはわれわれヒトでは骨の成分をはじめ皮膚組織の主要成分になっている．動植物合わせた場合はルビスコが地球上でもっとも多く存在するタンパク質となる．

私たちは視覚をもっているので，同じような化合物という観点から動物と植物を視覚的に区別することもできる．植物はマグネシウムポルフィリン（クロロフィル）を主成分にしたクロロプラスト（葉緑体）による緑色を特徴とし，動物（とくに高等生物）は鉄ポルフィリンを主成分にした赤血球による赤色を特徴とする．植物をイメージする緑色に対して，動物をイメージする赤色は，通常の場合その深紅の色をわれわれの眼にはみせない．

ヒトは極めて幸運な存在物

疲れたときには空を見上げてみよう．昼には，曇っていなければ美しい青色の空にまばゆいばかりの太陽が計り知れない光エネルギーを放出している．夜には月がその太陽の光エネルギーを反射してそれでもかなり明るく輝いている．満点の星は太陽と同じ恒星であり，発せられる光エネルギーは延々と旅してわれわれの眼に飛び込んでくる．

私たちはここ地球に存在していると確かに認識している．なぜ存在しているのかと思うと，自分自身の存在はとても不思議に思うだろう．地球は，太陽からの莫大な放射線を含むエネルギーにさらされているが，オゾン層と地球自身の磁場によって守られており，われわれヒトは植物による光合成のおかげでたまたまこの地球に存在している極めて幸運な存在物なのである．

● 4章のまとめ

（1） 私たちヒトを含め生物は，生命を維持するために一生涯その細胞から構成されている生物学的マシーンを動かし続けなければならない．その動力としてATPというエネルギー化合物を利用している．そのATPエネルギーの原料は食事として取り入れる．

（2）デンプンからのグルコースは解糖系-TCAサイクル-電子伝達系，また脂肪からの脂肪酸はβ酸化系-電子伝達系を介した酸化的リン酸化によってATPエネルギーに変換される．

（3）食事としてのエネルギーの源を食物連鎖としてたどれば，植物での光合成によって獲得される太陽光エネルギーに行き着く．

（4）私たち地球上の生命体とは，もともと太陽からのエネルギーに依存し，それを有効に利用できるシステム（さまざまな生合成系の複合体）がさまざまな形態として発展してきたものと理解することができる．

● 参考文献

1) 平沢栄次：はじめての生化学，化学同人（1998）．
2) 猪飼 篤：基礎の生化学，東京化学同人（1992）．
3) D. Voet, J. G. Voet, C. W. Pratt 著，田宮信雄，村松正実，八木達彦，遠藤斗志也訳：ヴォート基礎生化学，東京化学同人（2000）．

5 天然の生理活性物質

キーワード　シグナル伝達物質　神経伝達物質　ステロイド系ホルモン　アミン系ホルモン　ペプチド系ホルモン　内分泌攪乱物質　フェロモン　植物ホルモン　他感作用物質　生体防御物質　植物の就眠物質　ビタミン・補酵素　酵素反応　光感受機構　植物のアポトーシス　水素原子シャトル機構

● 5章で学習する目標

　　　　生き物は"化学物質"によって構築され，"化学物質"を用いて情報伝達，代謝調節，生体防御などの諸々の生命活動を行っている．この章では，生命現象や生体機能の発現・制御に，どのような化学物質（**生理活性物質**）がどのようなメカニズムで関与しているのかを理解する．このために，生理活性物質の化学構造，物質間相互作用および生化学反応の基礎を学び，生物の多様な生命活動が多種の生体成分と生体反応の組合せによっていることを化学の眼を通して考える力を身につける．

5.1 生体機能をコントロールする天然有機化合物

　　　天然に存在する生理活性物質は非常に多種多様であり，生体に含まれるほとんどすべての物質が生理活性に関連しているといっても過言ではない．水（H_2O）は生き物にとって必須の物質であるし，エチレン（$CH_2=CH_2$）や一酸化窒素（NO）のような簡単な化合物ですら代謝調節に関与する重要な生理活性物質である．多種多様な機能に関与する生体物質を生理活性物質として一様に取り扱うことは難しいので，ここでは次のように定義して考えることにする．

　　　生命現象や**生体機能**が発現するためには，まず，引き金となる物質が細胞と接触して，その情報が細胞内に伝達され，ついでその情報に応答する生化学反応が起きる．その際に，これらの反応を統制し細胞全体の**化学的バランス（平衡）**を保つための，あるいは平衡を移動させるための制御反応が存在

する．これらの一連の反応を引き起こす鍵となる物質を生理活性物質ということができる．

　天然には膨大な数の生理活性物質があり，これらすべてを述べることはできないので，5.2節から5.6節でシグナル伝達に関与する生理活性物質（シグナル伝達物質，ホルモンなど）について，5.7節から5.9節で機能発現反応の調節に関与する生理活性物質（ビタミンなど）について，典型的なものをピックアップして解説することにする．

　これらの生理活性物質についてはその化学構造や生理作用が古くから知られており，多くの専門書，教科書が出されている．この章で参照したものは章末に示した．

5.2　シグナル伝達に関与する生理活性物質

　生命現象や生体機能の発現は最終的には細胞内で起こる個々の酵素反応によっている．しかし，個々の酵素反応はでたらめに起こっているのではなく，機能分化したそれぞれの組織や生体膜で仕切られた小器官で起こり，お互いに連携して機能を発揮している．このような個々の生体反応を調節・制御する役割をもっている一連の生理活性物質を**ホルモン**（hormone）とよぶ．

　一方，ホルモンが組織・細胞内のシグナル伝達や代謝調節に関与しているのに対して，個体間のシグナル伝達に関与する生理活性物質は，**フェロモン**（pheromone）や**他感作用物質**（allelochemicals）とよばれている．たとえば，昆虫が仲間と連絡を取る手段として使用している活性物質がフェロモンであり，植物が他種の植物の生育を制御する手段としている活性物質が他感作用物質である．また，このような動物間や植物間のみでの関与でなく，植物–動物，植物–微生物，動物–微生物などの間でのシグナル伝達に関与する物質も知られている．すべての生き物は情報伝達物質を介してつながっているわけである．

5.3　動物ホルモン：生体内で生命機能をコントロール

　動物においては，ホルモンとよばれる活性物質が生体内反応を調節・制御する役割を担っている．ホルモンは一般に腺とよばれる組織から分泌され，血液を通して標的となる細胞へ移動し，その細胞膜にある受容体と結合して情報が伝達される．ホルモン類は非共有結合的に受容体と一時的に相互作用をするのみで，受容体と恒久的な化学的変化を起こさない．これは，酵素反応におけるアロステリック因子の効果に似ている．また，ホルモンは血液に

5.3 動物ホルモン：生体内で生命機能をコントロール

よって運搬されるので，それによって引き起こされる応答は神経伝達系に比べると比較的遅いが，その効果は長く続き広範囲に及ぶことになる．

化学構造によって分類するとホルモンはおもに，ステロイド系ホルモン，アミン系ホルモン，ペプチド系ホルモンの三つのタイプに分けることができる（表5.1）．細胞内の情報伝達は，その化学構造により次の二つの方法がと

表 5.1 ホルモン類の種類と機能

ホルモンの種別	化合物名・ホルモン名[1]	生産組織	生理作用
ステロイド系ホルモン	aldosterone(**1**)	副腎皮質	細胞質中のNaとKイオンの調節
	cortisol(**2**)	〃	消炎作用，グルコース貯蔵の代謝調節
	testosterone(**3**)	精巣，卵巣	男性の第二次性徴の発育，組織・筋肉の成長調節
	androsterone(**4**)	〃	〃
	epiandrosterone(**5**)	副腎皮質	男性の第二次性徴の発育
	estrone(**6**)	卵巣，副腎皮質	女性の第二次性徴の発育，生理周期調節
	estradiol(**7**)	〃	〃
	progesterone(**8**)	卵巣	受精卵の子宮への着床
アミン系ホルモン	dopamine(**16**)	神経細胞	神経伝達物質として作用
	norepinephrine(**17**)	副腎皮質	〃
	epinephrine(**18**)	副腎髄質	グルコースの放出，血圧上昇作用
	serotonin(**19**)	消化管，血小板，脳	睡眠-覚醒サイクルの調整，体温調節
	meratonin(**20**)	松果体	体内時計に関連
	thyroxine(**21**)	甲状腺	エネルギー消費，成長・発達
	histamine(**22**)	消化管	神経伝達物質として作用，胃液分泌促進作用
	acetylcholine(**23**)	神経細胞	神経伝達物質として作用
ペプチド系ホルモン	angiotensin II (**10**)	肝臓	血圧上昇作用
	vasopressin(**28**)	脳下垂体後葉	抗利尿作用，血圧上昇作用
	oxytosin(**29**)	〃	筋収縮作用
	Met-enkephalin(**30**)	脳下垂体前葉	鎮痛作用
	Leu-enkephalin(**31**)	〃	〃
	inslin［アミノ酸51個］	すい臓	血糖量減少，グリコーゲン合成
	inhibin［アミノ酸134個］	性腺，脳下垂体	卵胞刺激ホルモンの分泌促進
	prolactin［アミノ酸134個］	脳下垂体	乳腺や前立腺の発育促進
	甲状腺刺激ホルモン放出ホルモン(TRH)(**33**)	視床下部	甲状腺刺激ホルモンの分泌促進
	副腎皮質刺激ホルモン(ACTH)	脳下垂体前葉	糖質コルチコイドの分泌促進
	成長ホルモン(GH)	〃	ソマトメジンの放出刺激，筋肉・骨格の成長刺激
	卵胞刺激ホルモン(FSH)	〃	エストロゲンの生産・分泌促進
	黄体形成ホルモン(LH)	視床下部，脳下垂体	プロゲステロンなどの分泌促進
	甲状腺刺激ホルモン(TSH)	脳下垂体前葉	甲状腺ホルモンの分泌促進
	黄体形成ホルモン放出ホルモン(LH-RH)	視床下部	黄体形成ホルモンの分泌促進

1) （ ）内の太数字は本文中の化学構造図の番号を示し，ローマ字は化合物の略称である．

られる．疎水性のステロイド系ホルモンは細胞膜を通過し細胞内に直接入り，細胞質内の受容体と結合する．これが，細胞内の関連酵素の活性を変化させ，応答反応を引き起こす．

一方，アミン系ホルモンやペプチド系ホルモンは高極性分子であり，細胞膜を透過できないので，細胞表面の細胞膜受容体に結合し細胞内に二次メッセンジャーを生成させる．この二次メッセンジャーによって，シグナルが伝達され応答反応を引き起こす．

a．ステロイド系ホルモン

ステロイド系ホルモン類はいずれもステロイド骨格を有する類似した構造をもっているが，その機能は多様である（表5.1）．これらのホルモン類は細胞膜を通過できるので，標的になる細胞内に入りホルモン受容体分子と結合し，この複合体が核内に入り特定のタンパク質をコードする遺伝子の転写を促進（転写因子の活性化）する．これによって，関連タンパク質が生成し，最終的に応答反応を起こすことになる．これらは細胞膜受容体を介さず直接に細胞内に入るために量的な規制が難しく，その細胞にとって過剰な応答反応を起こすこともある．機能によって，**電解質コルチコイド**（mineralocorticoid），**糖質コルチコイド**（glucocorticoid），**性ホルモン**（sex hormone）に大別される．

電解質コルチコイドの代表格はアルドステロン（**1**）で，体内のNa^+やCl^-の貯留とK^+やH^+の排出を促進する．これは，副腎皮質でコレステロール（**9**）から，プロゲステロン（**8**）を経て生合成される（図5.1）．なお，ペプチド系ホルモンのアンジオテンシン（angiotensin II）（**10**）が，強力なアルド

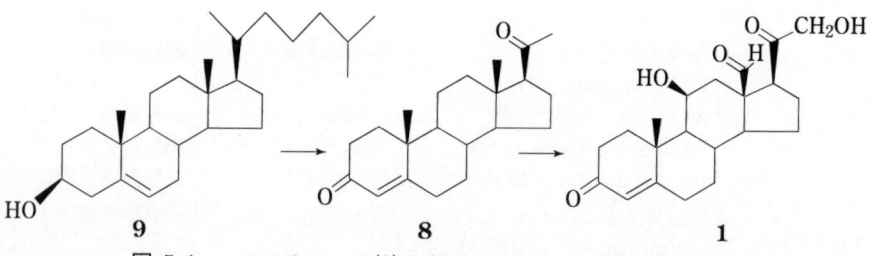

図 5.1　コレステロール(**9**)からアルドストロン(**1**)の生合成

アンジオテンシン(angiotensin II)　**10**

5.3 動物ホルモン：生体内で生命機能をコントロール

ステロン分泌促進作用をもっている．

糖質コルチコイドは，副腎皮質から分泌されるステロイド系ホルモンで，糖質，タンパク質，脂肪などの代謝を調節する．糖質コルチコイドの代表は，コルチゾール (**2**) である．これは糖の新生やタンパク質のアミノ酸への分解を促進し，また，肝臓においてはグリコーゲンの貯蔵を促進する．また，糖質コルチコイドは抗炎症作用を有するために，いわゆるステロイドホルモン剤として炎症やリウマチ患者に使われている．

性ホルモンは性機能の調節をつかさどるホルモンであり，男性ホルモンと女性ホルモンに大別される．男性ホルモン (androgen) にはテストステロン (**3**) やアンドロステロン (**4**) などが含まれる．これらは精巣や副腎皮質から分泌され，雄の形質の発達や維持に関係している．また，女性ホルモン (estrogen) にはエストロン (**6**)，エストラジオール (**7**)，プロゲステロン (**8**) などが含まれる．女性ホルモンの作用は多岐にわたっており，子宮に対する受精卵着床の促進，排卵された卵の運搬作用，膣上皮細胞の増殖とグリコーゲン含量増大効果，乳腺の発育の促進，骨に対するカルシウム沈着の促進，副腎皮質ホルモン産生の抑制などがある．

これらのステロイド系ホルモンは，置換基の種類などのわずかな構造の違いで多様な機能を発現する．このため，多くの**合成ステロイド剤**が開発され医薬として使用されている．たとえば，非天然型のナンドロロン (**11**) は男性ホルモン類似の効果があり，また，ノルエチンドロン (**12**) やエチニルエ

ストラジオール（**13**）は女性ホルモン類似の効果がある．

一方，生体系によってつくられたものでなく，人工的につくり出された化学物質で，ホルモン類似の作用を示すものがある．**環境ホルモン**という名でよばれているが，いわゆるホルモンではなく**内分泌攪乱物質**とよぶべき物質である．たとえば，プラスチック製品やある種の包装物に含まれているビスフェノール A（**14**）は，化学構造はステロイド系ホルモンとはまったく異なっているがごく微量で女性ホルモン様の作用を示す．人類が工業規模でつくり出した合成化学物質（およびそれらの焼却などによって発生する化学物質）は 10 万種類にも及んでいるが，これらのうちのいくつかが内分泌攪乱作用を示すといわれており，**生態系破壊物質**として重大な社会問題となっている．

b．アミン系ホルモン

アミン系ホルモン（表 5.1）の多くは神経伝達物質（neurotransmitter）として作用する．必須アミノ酸のチロシン（**15**）から生合成されるドーパミン（**16**），ノルエピネフリン（**17**），エピネフリン（**18**）（図 5.2）はいずれも脳の神経細胞で働く情報伝達物質である．これらの化学構造は類似しているが，ホルモン作用は非常に異なっており，ドーパミンは快感・歓びに，ノルエピネフリンは怒り・覚醒に，エピネフリンは恐怖に関与するホルモンである．また，トリプトファン（**24**）から生合成されるセロトニン（**19**）やメラトニン

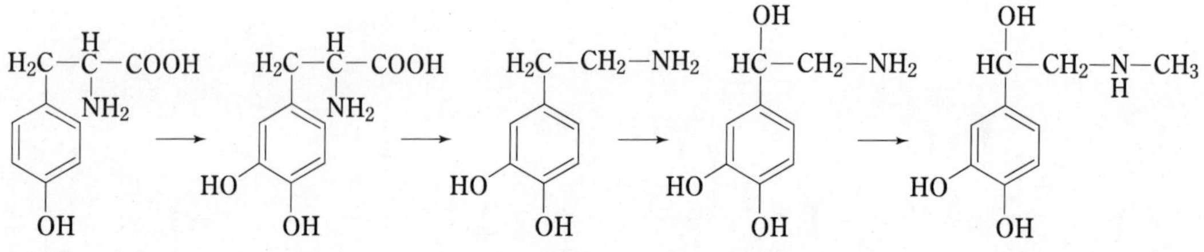

図 5.2 チロシン(**15**)からエピネフリン(**18**)の生合成

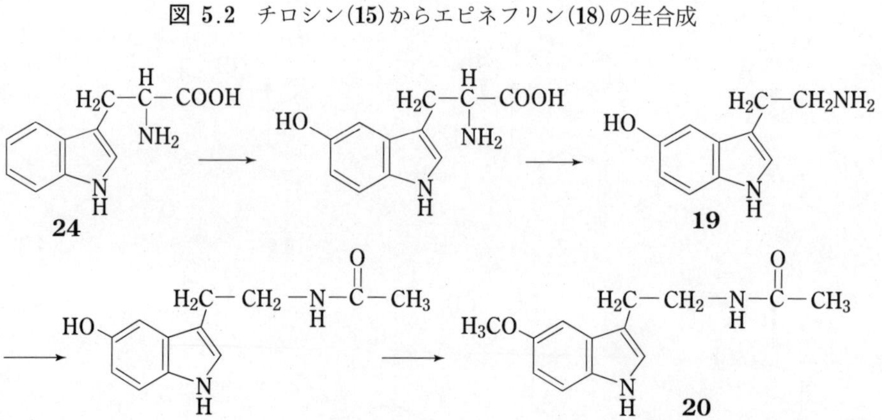

図 5.3 トリプトファン(**24**)からセロトニン(**19**)とメラトニン(**20**)の生合成

(20)（図5.3）も脳内で働いており，睡眠リズム，情緒などの情報伝達に関係している．これらが不足するとうつ病になることが知られている．このため，神経細胞へのセロトニン再取り込みを阻害する作用をもっているフルオキセチン（25）は，うつ病の症状を緩和する抗うつ薬として使用されている．

チロキシン（21）は，甲状腺で生産される含ヨウ素ホルモンである．他のアミン系ホルモンとは違って，チロキシンは非極性物質であるので細胞膜を通過して細胞内に入ることができ，種々の酵素の生成を活性化する．このホルモンが欠乏すると，甲状腺肥大や幼児の知恵遅れを引き起こすといわれている．

ヒスタミン（22）は，花粉症で知られるようなアレルギー反応や虫にさされたときにかゆみを起こす神経伝達物質である．クロロフェニラミン（26）やドキシルアミン（27）はヒスタミンが受容体に結合するのを競合的にブロックする作用（ヒスタミン受容体アンタゴニスト）をもっているので，抗ヒスタミン剤としてかゆみ止めの薬として使用されている．なお，ヒスタミンは胃酸の分泌を促進する作用も知られている．

c. ペプチド系ホルモン

アミノ酸数個からなるオリゴペプチドから，数百個のポリペプチド（タンパク質）まで様々で，その機能も多様である．バソプレシン（28）とオキシトシン（29）はどちらも脳下垂体後葉から分泌され，よく似た環状ペプチド構造をもつが，機能は大きく異なる．バソプレシンは抗利尿作用ホルモンとして知られているが，オキシトシンは妊娠した女性の胸や子宮の受容体に結合し母乳の生産を開始させ，出産のための筋収縮を刺激する作用をもっている．

Met-エンケファリン（30）とLeu-エンケファリン（31）は，モルヒネ（32）（ケシ由来の鎮痛薬）が結合することで知られているオピオイド受容体に結合する神経伝達物質である．これらはいずれも，動物に作用してモルヒネ様

の**鎮痛作用**を示すことが知られている．

　甲状腺刺激ホルモン放出ホルモン（thyrotropin-releasing hormone；TRH）(**33**) と**甲状腺刺激ホルモン**（thyroid-stimulating homone；TSH）(208 アミノ酸からなるタンパク質) は甲状腺を調節するホルモンである．TRH は視床下部から放出され，脳下垂体での TSH の放出を活性化し，さらに TSH は甲状腺からのチロキシン (**21**) の放出を活性化する．

　副腎皮質刺激ホルモン（ACTH）（39 アミノ酸からなるポリペプチド）は脳がストレスを受けたときに，脳下垂体前葉から分泌され，心身を緊張させる作用をもっている．ストレスが非常に強い場合に，このホルモンはコルチゾール (**2**)（副腎皮質ホルモン）を副腎から分泌させる．コルチゾールは消炎作用をもつホルモンであるが，過度の分泌は神経細胞に障害を与え，また免疫力低下を起こす．なお，ACTH は涙の中に含まれていることがわかっており，ストレスを受けた際に涙を流すことによって，過剰の ACTH が排出され，その濃度が調節されるわけである．

　タキキニン（tachykinin）はアミノ酸残基数が 10〜11 個程度のオリゴペプチドで，共通の C 末構造 (Phe-X-Gly-Leu-Met-NH$_2$) をもっている．これらは，平滑筋の収縮や弛緩，血圧降下，腸管収縮などの活性をもち，情報伝達物質として作用していると考えられている．なお，タキキニンは気道収縮，咳，気道過敏などの作用に関連しているために，呼吸器疾患に対してタキキニン作用阻害剤が有効であると期待されている．

【発展】 神経伝達に関与する活性物質

　神経細胞は，核が存在するこぶ状の部分から四方八方に無数に伸びた樹状突起からできている．樹状突起のうち一定方向に細長く軸が伸びた構造（軸索）があり，この軸索の先端から糸状体が出ており，この糸状体の先端（**前シナプスニューロン**）は標的細胞の受容体部分（**後シナプスニューロン**）とわずかなすき間（シナプス間隙；中枢神経系では20〜30 nmの間隔）で隔てられている（図5.4, 5.5）．ヒトの場合，大脳の神経細胞は約140億個あり，これらの細胞では一つの細胞あたり8 000〜1万個の前シナプスニューロンが存在する．軸索での伝達は電気信号によって非常に速い速度（有髄神経繊維では約100 m/秒）で行われているが，シナプスにおける情報伝達はそれに比べると遅い．

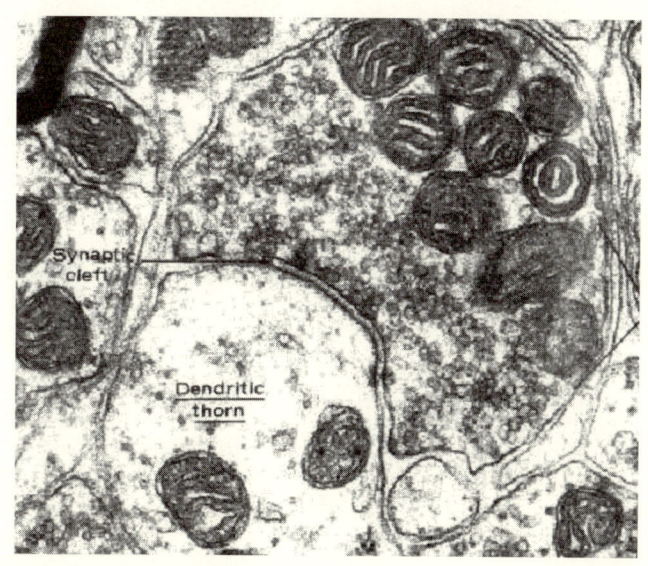

図 5.4　神経細胞（×60 000）：右上部分が前シナプスニューロンでその中にミトコンドリアや小胞体がみえる．下中央部が後シナプスニューロンで，前シナプスニューロンとの間がシナプス間隙．[A Textbook of Histology, W.Bloom and D.W. Fawcett Eds., Igaku Shoin Ltd. (1968) より転載]

　しかし，これらはスイッチ機能と情報処理機能をもっており，神経伝達物質に依存するように組織化されている．神経細胞と標的細胞間での刺激の伝達は，前シナプスニューロンから放出される神経伝達物質がシナプス間隙を渡って後シナプスニューロンに結合することにより起こる．神経伝達物質は前シナプスニューロンで合成され，その中の小胞体とよばれる小器官に貯えられ，必要に応じて放出される．前シナプスニューロンから放出された神経伝達物質は0.2〜0.3 msecでこの間隙を拡散して後シナプスニューロンに到達する．神経伝達物質が結合することによって後シナプスニューロンのイオン透過性が変化し，これによって細胞膜内外に電位差が生じ，これが電気信号として伝達される．後シナプスニューロンが次の新たな情報を受け取るためには，役割を終えた神経伝達物質は後シナプスニューロンから速やかに除去されなければならない．役割を終えた神経伝達物質は，シナプス間隙に存在する酵素によって不活性化された後にトランスポーターを経て前シナプスニューロンに戻され，そこで再生されて，小胞体に貯蔵（神経伝達物質の再取り込み）される．

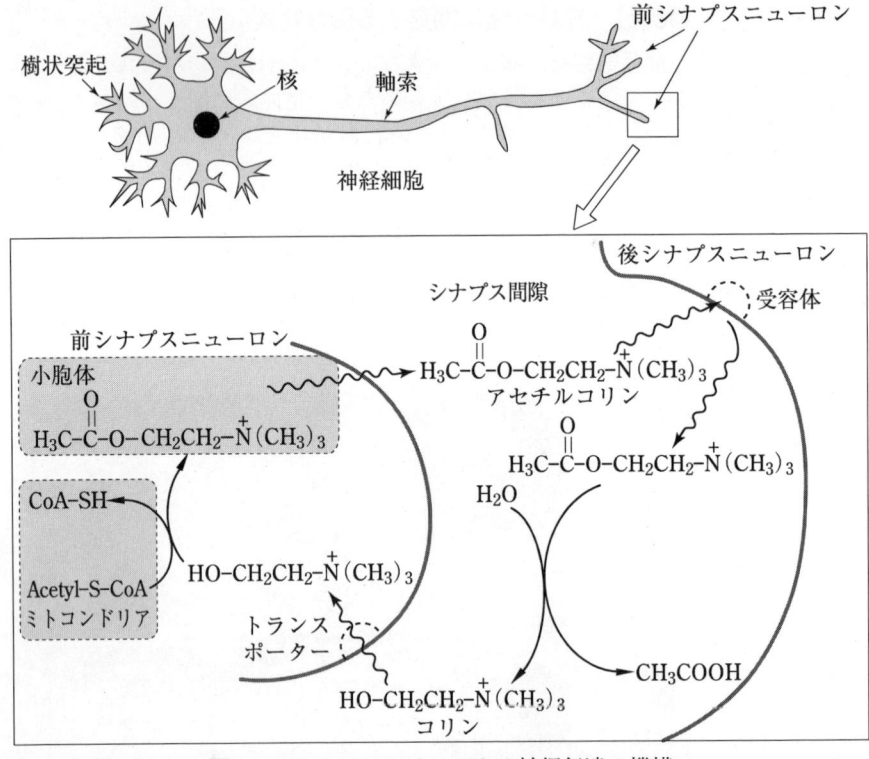

図 5.5 アセチルコリンによる神経伝達の機構

神経伝達物質としては，アセチルコリン (**23**)，ドーパミン (**16**)，エピネフリン (**18**)，セロトニン (**19**)，メラトニン (**20**) などのアミン系ホルモン類やバソプレシン (**28**)，オキシトシン (**29**)，タキキニンなどのペプチド系ホルモン類が 100 種類以上知られているが，最近では酸化窒素 (NO) のような物質も脳内の神経伝達に関与しているといわれている．

これらは受容体に結合すると即座に隣の細胞に変化を引き起こすものもあれば，二次メッセンジャーに依存するものもある．個々の神経伝達物質の引き起こす作用は多岐に渡っており，脳の機能にも関連している．

たとえば，ドーパミン (**16**) は，脳の異なる部位で数種類の受容体と相互作用をして情緒，思考，行動に重要な役割を果たしている．脳細胞にドーパミンが供給されると高揚感や満足感が得られる．ドーパミン受容体が刺激されればされるほど，高揚感は大きくなる．ヘロインやマリファナなどの麻薬はドーパミンの再取り込みをブロックする作用をもっており，結果としてドーパミンの脳内のレベルが上昇するので，高揚感がさらに大きくなる．しかし，脳細胞はこの見かけ上過剰な刺激に適応してしまい，同じ刺激を得るためにはより多くの薬物を必要とするようになる．すなわち，薬物中毒の現象である．

次に，アセチルコリン (**23**) を例にして，シナプスニューロンにおける情

報伝達の様子をもう少し詳しくみてみよう．アセチルコリンは骨格筋の調節をつかさどる直接作用型の神経伝達物質である．これは脳にも広く分布しており，睡眠-覚醒周期，学習と記憶などにも関わっている．

　図5.5に示すように，アセチルコリンは前シナプスニューロンで合成され，小胞体中に貯えられている．前シナプスニューロンに刺激が到達すると，アセチルコリンを内在する小胞体が前シナプスニューロンの細胞膜に移動，融合し，シナプス間隙にアセチルコリン分子を放出する．このアセチルコリンはシナプス間隙を渡って後シナプスニューロンの受容体に結合する．これによって，後シナプスニューロンのイオン透過性が変化し，ニューロン中に電位差として情報が伝達される．アセチルコリンが飽和した状態になるとそれ以上の情報が伝達されなくなるので，このアセチルコリンはシナプス間隙にあるアセチルコリンエステラーゼによって加水分解される．加水分解によって生成したコリンは前シナプスニューロンのトランスポーターを経て吸収され，ここでミトコンドリアから供給されたアセチルCoAと反応してアセチルコリンに再生される．このような一連の化学反応によって，情報は一定方向に流れることになり，情報の逆流が防げられることになる．

5.4　植物ホルモン：植物の発育や老化をコントロール

　植物ホルモン（plant hormone）は植物体内で生合成され，微量でその植物の成長や種々の生理作用を制御する物質である．動物ホルモンと異なり，特定の器官のみで生合成されるわけではなく，特定の標的器官のみに作用するわけでもない．また植物の発育にしたがって同じ物質が量的・質的に変化して異なった生理作用を示すこともある．

　オーキシン類（**34〜37**など），サイトカイニン類（**38〜40**など），ジベレリン類（**41**など），アブシジン酸（**42**），ジャスモン酸（**43**），ブラシノライド類（**44**など），エチレンなどが知られており，組織の伸長，肥大や細胞分裂，花芽形成，気孔の開閉，発芽，発根など植物の成長に関連する様々の作用を示す（表5.2）．

　しかし，これらの作用は単一の植物ホルモンによって起こるのではなく，多くのホルモンが組み合わさって起こり，またその作用も植物の種類，組織の違いによっても異なるなどその作用機構はきわめて複雑で，分子レベルでの解明は不十分のまま残されている．

　オーキシン（auxin）は植物が光の方向に曲がること（光屈性）の研究で見出された最初の植物ホルモンであり，植物の成長，屈性，開花などとの関連で古くから研究されてきた．インドール酢酸（**34**），インドールアセトニトリ

5 天然の生理活性物質

表 5.2 植物ホルモンの種類と機能

ホルモン名	化合物名	生理作用
オーキシン	indol-3-aceticacid(**34**) indol-3-acetonitril(**35**) naphthylacetic acid(**36**) 2,4-dichrolophenoxyacetic acid(**37**)	成長促進，発根促進，離層形成作用
サイトカイニン	kinetin(**38**) 6-isopentenylaminopurin(**39**) *trans*-ribosylzeatin(**40**)	成長促進，老化防止作用，細胞分裂促進，気孔の開閉作用
ジベレリン	gibberellin A$_1$(**41**)	成長促進，休眠打破，果実の成長，花芽形成促進
アブシジン酸	abscisic acid(**42**)	離脱促進，休眠作用，発芽抑制，気孔の開閉制御
ジャスモン酸	jasmonic acid(**43**)	成長促進，気孔の開閉制御，葉の老化促進，塊茎の形成促進
ブラシノライド	brassinolide(**44**)	成長促進，細胞分裂促進
エチレン	ethylene	果実の成熟促進，落葉・落果促進，成長抑制，種子の発芽促進

ル (**35**)，ナフタレン酢酸 (**36**)，2,4-ジクロロフェノキシ酢酸 (**37**) などが見出されている．

　生理作用としては，細胞の伸長促進や離層形成（葉が落葉する際に，葉と

5.4 植物ホルモン：植物の発育や老化をコントロール

植物体との間に層が形成される）がある．また，これらは微量で植物の未分化細胞（カルス細胞）を誘導する作用をもっている．

一方，**サイトカイニン**（cytokinin）は，アデニン（またはアデノシン）の6位に置換基をもつ生理活性物質を総称してよばれている．カイネチン（**38**），6-イソペンテニルアミノプリン（**39**）やゼアチン誘導体（**40**）が知られており，気孔開閉，葉緑体の維持，細胞分裂促進などの作用をもっている．

ジベレリン（gibberellin）（**41**）は，ジテルペン類に属しジベレラン骨格をもつ化合物の総称で，70種類以上の類縁化合物が知られている．イネ馬鹿苗病菌（*Gibberella fujikuroi*）からイネの徒長成長を引き起こす物質として発見されたが，その後，タケノコなどの多くの植物でみつかり，この物質が植物ホルモンとして重要な働きをしていることが明らかになった．

ジベレリンは植物体のほとんどすべての部位で見出されているが，その生合成部位はおもに発芽種子，芽，根などの活発に細胞分裂をしている組織と考えられている．これらは，メバロン酸を前駆体とし，ゲラニルゲラニル二リン酸の閉環・転移により生合成される（図5.6）．ジベレリンの生理作用は多様で，植物の葉や茎を縦方向に伸長，種子の休眠打破，花芽形成や開花促進などに関与する．単為結果作用（受精によらず果実を成長肥大させる）をもつことにより，種なしブドウの作出やナシ，イチゴなどの肥大に実用化されている．

アブシジン酸（**42**）は C_{15} のセスキテルペン構造をもつホルモンである．

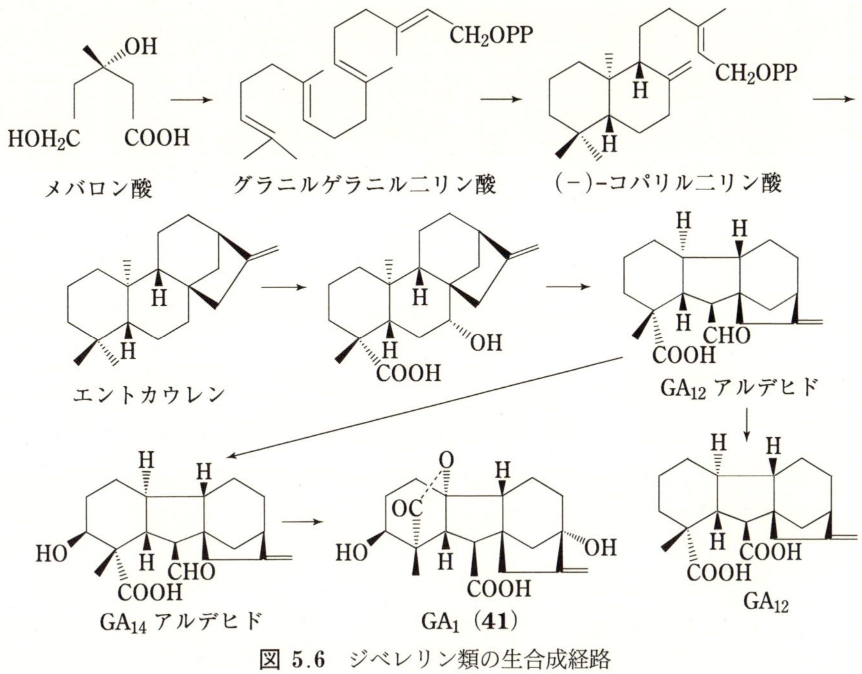

図 5.6　ジベレリン類の生合成経路

先に述べたオーキシン，サイトカイニン，ジベレリンが植物の成長促進作用をもつホルモンであるのに対して，アブシジン酸はほかの成長ホルモンの作用を抑制する作用をもち，植物の休眠，落果・落葉，気孔の開閉に関与している．

ブラシノライド（brasinolide）(**44**) はステロイド骨格をもつ化合物で，アブラナの花粉から単離された．これらは，植物成長物質で植物の成長促進，収量増加，ストレスに対する抵抗性を高める作用が知られている．

エチレン（C_2H_4）は極めて簡単な気状分子であるが，植物体内で生成する植物ホルモンの一つである．果実の成熟期にエチレンの多量発生がみられ，果実中の種々の酵素の活性を促進する引き金となり，果実の成熟を促進する．この成熟促進作用を利用して，未熟のバナナやリンゴなどを産地から輸送する途上で，消費する場所と時期を見はからってエチレン処理し成熟させることが行われている．その他，落葉・落果作用，種子の発芽促進作用が知られている．

また，蔓性の植物や巻きひげが支柱に巻きつく現象にもエチレンが関与しているといわれている．たとえば，キュウリの巻きひげが接触刺激を受けると，刺激を受けた側にエチレンが発生し，これがオーキシンやジャスモン酸の作用と連動して，刺激を受けた側と受けなかった側の組織の伸長に違いをもたらす．これによって蔓や巻きひげが支柱に巻きつくことになる．エチレンは生体内では必須アミノ酸のメチオニンを前駆体として，シクロプロパン誘導体を経て生合成される．メチオニンの3,4位の炭素がエチレンとなり，1位は二酸化炭酸となる（図5.7）．

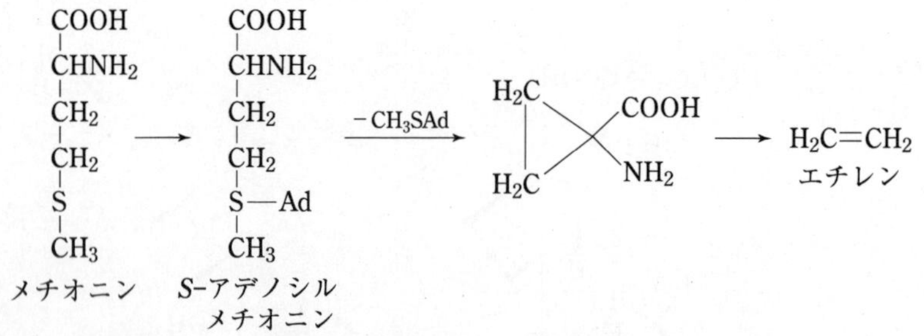

図 5.7　エチレンの生合成経路

【発展】 遺伝子操作による有用物質生産

植物に**クラウンゴール**という巨大な腫瘍をつくる植物病原菌（*Agrobacterium tumefaciens*）がある．この菌は，植物に感染後，腫瘍化を促す遺伝子群をコードしている Ti プラスミド（植物の染色体に組み込まれる T-DNA 領域と T-DNA の転移に必要な *vir* 遺伝子とをもっている）を植物細胞に移行する．菌が植物に感染する際に，植物に由来するアセトシリンゴン (**45**) などのフェノール化合物を菌の表面にある受容体タンパク質が認識し，菌体内にシグナルを伝達し，T-

5.4 植物ホルモン：植物の発育や老化をコントロール

DNA の転移に必要な *vir* 遺伝子の転写を促す．

T-DNA には植物ホルモン（オーキシンやサイトカイニン）を生合成する酵素とオパインとよばれる変形アミノ酸（たとえばオクトピン（**46**）のような非タンパク質構成アミノ酸）を合成する酵素群がコードされている．したがって，T-DNA が植物細胞に移行し，その植物の染色体に組み込まれると，植物ホルモンをつくる酵素とオパインをつくる酵素が発現する．植物細胞内に植物ホルモンが生合成されると，植物細胞は**カルス化**し異常増殖（クラウンゴールの形成）し，この中で菌が自分自身の増殖に必須とするオパインが増産される．つまり，この菌は自分の増殖に必須の物質を，遺伝子操作をして植物につくらせているわけである．

このような方法は現在では，有用遺伝子を導入した生物による有用物質生産や組換え植物の作出などに利用されている．すなわち，微生物が何億年も前から行っている遺伝子操作を人類はやっと利用できるようになったわけである．

植物も眠るのか：眠りをコントロールする生理活性物質

ネムノキやオジギソウなどのように，夜に葉を閉じ，朝に葉を開く植物は紀元前から興味がもたれ，そのメカニズムについて多くの研究がなされてきた．しかし，植物に規則的な**就眠-覚醒運動**がなぜ必要なのかという疑問に対する解答はおろか，どのような化学物質が関与して，どのようなメカニズムで起きるのかについての化学的な解明は遅々として進まなかった．最近になって，山村・上田らが，オジギソウ，ネムノキ，メドハギなどの植物の就眠と覚醒に関与する化学物質を相次いで発見し，就眠-覚醒運動の制御機構の解明に光明がみえてきた．

就眠と覚醒に関与する活性物質は植物種に特異的であるが，いずれの植物にも昼間でも植物の葉を閉じさせる就眠物質と，夜間でも葉を開かせる覚醒物質がペアで含まれていることが明らかにされた（図 5.8）．これらの物質は，植物ホルモン類と同程度の約 1 μM 程度の濃度で活性を示し，両方の活性物質の濃度バランスによって就眠-覚醒運動を規則正しく行っている．

メドハギについてみてみると，就眠物質のイダル酸カリウム（**48**）の濃度は昼夜で一定であるのに対して，覚醒物質のレスペデジン酸カリウム（**51**）の濃度が夜間には大きく減少し，相対的に就眠物質の濃度比が高くなる．このために，メドハギは就眠することになる．朝になると，レスペデジン酸カリウム（**51**）が生合成され，植物は覚醒することになる．レスペデジン酸カリウム（**51**）の減少は，そのグルコシド部分が加水分解されて活性のない 4-ヒドロキシフェニルピルビン酸に変化することによると報告されている．なお，ここで加水分解に関与する β-グルコシダーゼは**生物時計**によってその活性がコントロールされており，特定の時間になると活性化されてグルコシド部分の加水分解が起きる．植物種によって活性を示す就眠-覚醒物質の化学構造は異なっているが，ペアのいずれか一方は常にグルコース結合型であり，加水分解によって両活性物質の濃度バランスがコントロールされている．

ところで，植物は動物のように眠る必要があるのであろうか．覚醒物質を用いてマメ科植物

を"不眠症"にすると，約1週間で枯れて死んでしまうそうである．このことは就眠運動が植物にとって必須の生命現象であることを示しており，もしかすると，見た目には就眠運動をしていないようにみえる植物もすべて夜になると眠っているのかもしれない．

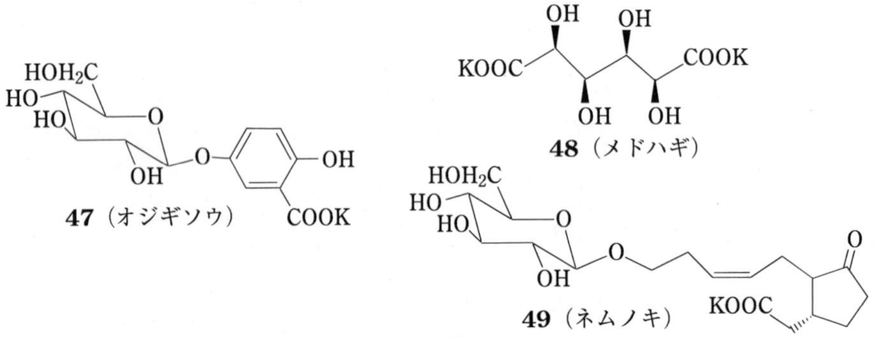

図 5.8 就眠-覚醒運動をコントロールする化学物質

(a) 就眠物質: 47（オジギソウ）, 48（メドハギ）, 49（ネムノキ）
(b) 覚醒物質: 50（オジギソウ）, 51（メドハギ）, 52（ネムノキ）

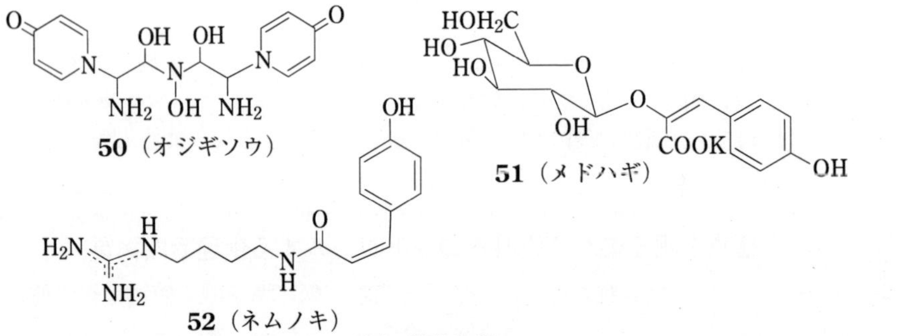

5.5 フェロモン：仲間の行動をコントロール

フェロモン（pheromone）は，体内で生産され，体外に排出されて同種の他個体に特異な行動や生理的変化を引き起こす物質である．他種の個体に作用する他感作用物質（allerochemicals）や体外に排出されずに個体内で作用するホルモンとは区別されている．

昆虫のフェロモンについてはよく研究されており，仲間の行動をコントロールするものとして，交尾の仲立ちをする**性フェロモン**，集合を促す**集合フェロモン**，危険を知らせる**警報フェロモン**など多くが知られている．また，このような特異な行動に関連するものではないが，内分泌系や代謝系に作用して一連の生理的変化を引き起こす物質もフェロモンの一種と考えられている．

一例として，厳密な階級性（役割分担）を伴った集団生活を営むことで知

5.5 フェロモン：仲間の行動をコントロール

られているハチについてみてみよう．ミツバチは一つのコロニーに数万匹もが集団生活をしているが，生殖を受け持つ女王バチは一つのコロニーにつき1匹のみで，全体の90％が労働と育児を受け持つ働きバチ（メス），10％が戦闘と生殖を受け持つオスのハチである．働きバチは遺伝子的には女王バチとなんら変わりない形質をもって生まれてくるが，働きバチの状態（幼若状態）で一生を終える．

このような階級的秩序はどのようにして保たれているのであろうか．その秘密は女王バチの大顎腺から分泌される女王物質（trans-9-オキソ-2-デセン酸が主成分）とよばれるフェロモンにある．働きバチはこれを女王バチの体表から経口的に摂取することにより卵巣の生育が抑制され，幼若状態が維持される．働きバチが女王物質を摂取する限り，一つのコロニーに女王バチが1匹の状態が保たれるわけである．

植物と動物の駆け引き

植物は傷害を受けた際の防御手段として，ある種の有毒物質を放出することがある．たとえば，アブラナ科植物は**カラシ油配糖体**（sinigrin (**53**) や glucobrassicin (**54**) など）を含んでおり，傷害を受けると細胞内の加水分解酵素（グルコシダーゼ）が働き，強い刺激臭と辛味を有するイソチオシアネートを生成する（図5.9）．これによって，虫などの食害を防いでいるものと考えられている．

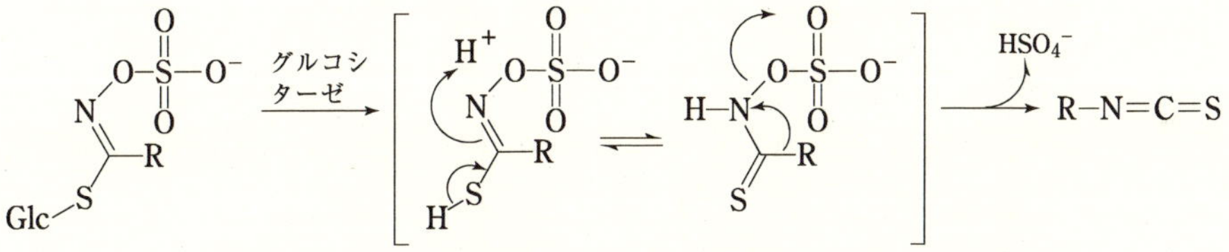

図5.9 カラシ油配糖体からのイソチオシアネートの生成

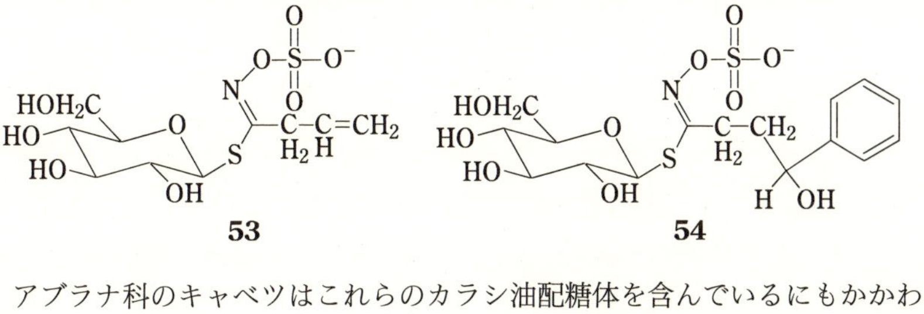

53　**54**

しかし，アブラナ科のキャベツはこれらのカラシ油配糖体を含んでいるにもかかわらず，モンシロチョウには効果がない．それどころか，glucobrassicin (**54**) はモンシロチョウの産卵を刺激する活性をもっている．したがって，キャベツを食べたモンシロチョウはそのキャベツに産卵することになる．孵化した幼虫はそのキャベツを食べ育つことになり，食事に困らないわけである．つまり，モンシロチョウは孵化する幼虫の成育に好都合の産卵場所としてキャベツを選択するわけである．モンシロチョウはこのことを仲間や親から教わるのでなく，世代を越えた情報を植物から得ているわけである．

ところで，キャベツにとっては，カラシ油配糖体を含有しているがゆえに，モンシロチョウの食害を受けることになる．カラシ油配糖体を含有することがキャベツにとって何の役に立つのであろうか．キャベツは多少の食害を受けることは織り込み済みで，花粉の虫媒介によって子孫を残すためにカラシ油配糖体を使ってモンシロチョウをコントロールしているのであろうか．それとも，もともとは虫害を受けないための手段としてカラシ油配糖体を生合成していたのであるが，"タデ食う虫も好きずき"ということわざがあるようにモンシロチョウには効き目がなかったのか，あるいは，もしかしたら，モンシロチョウはそれを無害化する機能を手に入れて，逆に活用するようになったのであろうか．

別のアブラナ科植物で，カラシ油配糖体を含有するにもかかわらずモンシロチョウが産卵しないものもある．この植物はモンシロチョウに対して産卵抑制活性をもつ物質（別の種類のチョウに対しては活性をもたない）を含んでおり，産卵させるチョウをえり好みしているわけである．また，虫により食害を受けた植物が，ある種の香り物質を放出し，その虫の天敵を呼び寄せることも知られている．植物と動物が比較的小分子の有機化合物を情報伝達物質として使用し，生態系の制御を行っているわけである．このような植物と動物間の巧妙な"駆け引き"はどのように計画され，世代を経て伝承・実行されるように仕組まれているのであろうか．興味はつきない．

5.6 植物のアポトーシス：自分の死をコントロール

多細胞生物では，個々の細胞は常に分裂による増殖と死滅を繰り返しており，これは植物細胞も例外ではない．細胞の死には大別して2種類の死，**ネクローシス**と**アポトーシス**がある．ネクローシスは細胞が突然の高熱や物理的な破壊にさらされたときに多くみられる死で，この際には細胞膜がはじけ，細胞の内容物が外に漏れ出て細胞は死を迎える．

一方，死に対して抵抗する時間があったときには，その細胞はネクローシスとは違った死に方をする．この際には，細胞の中で核の凝集・断片化とDNAのヌクレオソーム単位での断片化が起こり，細胞は自らの内容物を分解・整理するなどの身辺整理をして死を迎える．

たとえば，植物細胞が極度の乾燥にさらされたとき，その細胞は過酸化水素などの活性酸素種を細胞外に放出する．それにより，細胞外にあるフェノール類は重合を開始し，セルロースとともに硬い細胞壁を形成して，細胞の中の水分が外へ漏れ出るのを防ごうとする．しかし，もし外界からの刺激が非常に強く，細胞が生き残れないほどであったなら，植物細胞は自分自身を殺してでも，隣接の細胞にその情報を伝達し，隣接細胞に防御体制をとらせて残りの細胞を守ろうとする．その細胞の死の形態が**アポトーシス**である．

また，植物細胞に微生物の細胞壁から得られたオリゴ糖をエリシターとし

5.6 植物のアポトーシス：自分の死をコントロール

て加えると，Ca^{2+}イオンの細胞内への流入によるCキナーゼカスケードの活性化により過酸化水素などの活性酸素種が発生して細胞が褐色になって死んでいく．これはエリシターによる過敏細胞死とよばれ，植物の罹病・耐病現象として古くからよく研究されている．このエリシターによる過敏細胞死もまた植物のアポトーシスの一つで，過酸化水素の発生の後，核の凝集・断片化とDNAの断片化を伴って細胞死に至ることが示されている．

さて，活性酸素種が発生すると，細胞は，細胞内の内容物をすべて分解し，死への準備を始める．動物細胞ではアポトーシスが起きる際に，そのときに働く特定の**プロテアーゼ群**（カスパーゼ群）が存在し，それが順序よく働くことによってアポトーシスが進行する．細胞の核の中でDNAは，ヒストンH2-H4からなるコアヒストンに巻きつき，さらにこれらコアヒストン間のDNA部分にヒストンH1が結合している．アポトーシスの際にはシステインプロテアーゼが細胞内でヒストンH1を分解し，核内ではDNaseがヒストンH1の結合していない部分でDNAを切断することによって，コアヒストンとヒストンH1からなるクロマチンの基本単位（ヌクレオソーム）の倍数でDNAが切断される．

また，このシステインプロテアーゼが分解させるタンパク質として，小胞体の中でタンパク質の高次構造を管理しているカルレティキュリンやRNA合成に必要なRNA延長因子などがわかっている．このようにRNA合成やタンパク質合成などの生命活動に必要なタンパク質をこのシステインプロテアーゼが分解させて，細胞はアポトーシスを迎えることになる．

しかし，このアポトーシスによる細胞の死はむだではない．アポトーシスを起こしている細胞は先に述べたように，活性酸素種を多量に発生している．原形質膜に溶け込んだ酸素分子はNADPH依存的にO_2^-へと変化するので，O_2^-を消去するために細胞膜上にはスーパーオキシドディスムターゼ（SOD）やペルオキシダーゼなどの**活性酸素消去酵素群**が配備されている．ただ，活性酸素を消去し"無毒化"するためにはその活性酸素から生じるラジカル種を受け止めてくれる分子種が必要となる．

このような分子種は芳香族化合物のように二重結合が共役していることが必要であるが，植物の場合，この役割をカテコール（**55**）やシナピルアルコール（**56**）などのフェノール類が担っている．そこで，アポトーシスを起こし

ている細胞の周辺の細胞では，アポトーシスを起こしている細胞から送り出される活性酸素によってフェノール類の重合反応が開始される．このラジカル重合は連鎖的であるので，アポトーシスを引き起こしている周辺細胞の細胞膜の外側にはリグノールの高分子重合体，リグニンが形成されることとなる．ツバキの葉などにみられるクチクラ層を形成するクチンやコルク層を形成するスベリンなども重合するフェノール類の種類が異なるだけで同様な重合様式によって形成される．これらリグニンやクチンなどの化合物で細胞壁が補強されることによって，細胞壁は物理的な強度ばかりではなく水などの低分子化合物さえも通さない化学的安定性も獲得する．

一方，植物が病原菌に感染してアポトーシスを起こした場合に，周辺細胞は**ファイトアレキシン**とよばれる抗菌物質を生成して防御する場合もある．たとえば，ジャガイモが過酸化水素によるストレスを受けると，ジャガイモはリシチン（**57**）という正常なジャガイモの細胞では生成しない新たな生成物を蓄積するようになる．リシチンは抗菌活性を有する化合物で，ジャガイモが葉巻ウイルス（PRLV）などに感染すると生成・蓄積することで知られている．ジャガイモはアポトーシスによって発生した活性酸素種のシグナルを受けて，細胞内でリシチンのようなファイトアレキシンを生産し，これにより細胞は耐病性を獲得するのである．

植物細胞の中でこのような防御に関わっているものは，ファイトアレキシンのような低分子化合物だけではない．キチナーゼなどに代表される**感染特異的タンパク質**（pathogenesis-related protein；PRタンパク質）もまたこのような生体防御機構に関わっている．PRタンパク質はアポトーシスを起こしている細胞に隣接する細胞の中でその発現が増加することが知られている．

このようにアポトーシスを起こした細胞に隣接する細胞は，アポトーシス情報を受けると直ちに周囲をリグニンなどによって補強し，ファイトアレキシンやPRタンパク質などを発現させて，アポトーシスを起こした細胞の死因から自らを守り，死に逝く細胞とは同じ死に方はしないように防御するのである．

5.7　機能調節反応に直接的に関与する生理活性物質

動物の代謝調節に関わり，生命維持のためには微量ながら必須の物質として**ビタミン**（vitamin）が知られている（表5.3）．動物のほとんどは必要量のビタミンを生合成できないので，植物から摂取しなければならない．このため，ビタミン類の欠乏によって引き起こされる病気やその予防については古

くから研究されている．

　たとえば，ビタミンCを含む柑橘類の果汁を摂取することによって壊血病の症状が治癒すること，ビタミンDを含む肝油の摂取によってくる病が予防されること，ビタミンB_1を含む麦飯が脚気の治療に有効であること，カロテノイドを含むニンジンやホウレンソウが夜盲症などの視力回復に効果があることなどである．

　これらのビタミン類はいずれも生体内の生合性・代謝に関わる酵素反応と密接に関連することより，補酵素の一種とみなされている．次節以降で各種のビタミンの化学構造と関与する酵素反応について述べることにする．

表 5.3　ビタミン類の種類と機能

ビタミン名	化合物名	欠乏による症状	関与する生化学反応
ビタミンA	retinol (**58**)	夜盲症，眼科疾患，上皮損傷，発育遅滞	レチナールに酸化された後にロドプシン内で光化学反応
ビタミンB_1	thiamine (**59**)	脚気，筋力低下，血管障害	α-ケト酸の脱炭酸
ビタミンB_2	FMN (**60**), FAD (**61**)	粘膜損傷，皮膚損傷	酸化還元反応（ヒドリドイオンや電子の移動），酸化的分解
ビタミンB_3	NADH (**62**), NADPH (**63**)	皮膚損傷，神経系疾患，消化器系疾患	酸化還元反応（ヒドリドイオンの移動）
ビタミンB_5	pantothennic acid 誘導体 (**64**)	成長抑制，中枢神経障害	CoAの構成成分としてのアシル転移
ビタミンB_6	pyridoxine (**65**)	発育遅滞，貧血，消化器障害，神経系症状	アミノ酸のアミノ基転移，脱炭酸，ラセミ化
ビタミンB_{12}	cobalamine (**66**)	悪性貧血，精神障害	炭素鎖の組換え・転移，細胞増殖と分化
ビタミンC	ascorbic acid (**67**)	壊血病	ヒドロキシル化，水素化物イオンの輸送
ビタミンD	vitamin D_3 (**68**)	くる病，骨格損傷	カルシウムやリン酸の遊離・沈着に関連
ビタミンE	α-tocopherol (**69**)	貧血	抗酸化反応
葉酸	puteroylglutamic acid (**70**)	巨赤芽球性貧血，腸機能障害	ヌクレオチド類の生合成・メチル基の転移
ビタミンH	biotin (**71**)	筋肉痛，皮膚炎，疲労感	カルボキシル化
ビタミンK	menaquinone (**72**), phylloquinone (**73**)	血液凝固異常	血液凝固因子の生合成

5.8　ビタミン類の化学構造：アミンの構造でないものもある？

　東洋諸国に多発した栄養失調症"脚気"に関連して，この病気の予防や治療に効果がある物質を1910年に日本の鈴木梅太郎博士が米糠から発見し，コメの学名 *Oryza sativa* に由来して，**オリザリン**と命名した．ところがその翌年，ポーランドのCasimir Funkも同じ物質を抽出し，これを"vital amine"とよんだ．残念ながら，現在ではオリザリンではなく，"vital amine"に由来する**ビタミン**（vitamin）の名が定着してしまった．

　このビタミンの構造は1936年にWilliamsによって解明された．なお，そ

の後に別の水溶性ビタミンが多く発見されたので，このビタミンをビタミンB_1 (**59**) として，ほかのものにもビタミンの名をかぶせてB_2 (**60, 61**)，B_3 (**62, 63**)，B_6 (**65**)，B_{12} (**66**) などとよんで区別するようになった．このため，ビタミンC，D，Eなどのようにamineではないものにもビタミンの名がつくことになった．

現在では，1948年に発見されたB_{12}までの計13種類（表5.3）にビタミンの名前がつけられている．最近，理研の笠原らはピロロキノリンキノン (PQQ) (**74**) がリジンの分解に関与する水溶性ビタミンと考えられると報告

ビタミンA (**58**)

ビタミンB_1 (**59**)

ビタミンB_2
FMN (**60**) : R= $-P(=O)(OH)_2$
FAD (**61**) : R= ピロリン酸アデノシン

ビタミンB_5 (**64**)

NADH (**62**) : R=H
NADPH (**63**) : R= $-P(=O)(OH)_2$
ビタミンB_3

piridoxal : R= $-CHO$
piridoxine : R= $-CH_2OH$
piridoxamine : R= $-CH_2NH_2$

ビタミンB_6 (**65**)

5.8 ビタミン類の化学構造：アミンの構造でないものもある？

している．これがビタミンと認定されれば，半世紀ぶりに14番目のビタミンが発見されたことになる．

認定されている13種類のビタミンは，溶解性によって水溶性ビタミンと脂溶性ビタミンに大別される．

水溶性ビタミンは，細胞内の水の多い環境に存在してその機能を発揮する．その構造的な共通性としては，水に対する溶解性を高める水酸基やカルボキシル基などの極性基が存在することである．しかし，水溶性であること以外は，構造も機能も多様であり，ビタミンC (**67**) のような簡単な分子構造のものからビタミンB_{12} (**66**) のように巨大で複雑な構造のものまである．水溶性ビタミン類は，過剰摂取しても尿中に排泄され生体組織に蓄積されないので，必要量は常に摂取しなければならない．

一方，**脂溶性ビタミン**は，生物体の脂肪組織に貯蔵される．脂溶性ビタミン類の欠乏による人体への影響についてはわかっているものが多いが，これらが作用する分子機構については水溶性ビタミン類ほどにはわかっていない．構造的にみると，ビタミンA，D，E，Kなどのようにイソプレノイド骨格を有する脂質構造をもっているものが多いが，このイソプレン構造がその機能発現にどのように関わっているかは明らかでない．

ビタミンC (**67**)

シアノコバラミン：R=CN
補酵素B_{12}：R=-CH_2-

ビタミンB_{12} (**66**)

ビタミンD_3 (**68**)

水溶性ビタミンと異なり，脂溶性ビタミンの欠乏は比較的起こりにくい．ビタミンE（**69**）は食物なら何にでも含まれているし，ビタミンK（**72**，**73**など）は腸内細菌がつくるので通常は欠乏を起こさない．ビタミンD（**68**）は，ヒトの皮膚中にあるデヒドロコレステロールから生合成される．脂溶性ビタミンのうちビタミンA（**58**）だけは不足することがあるが，後で述べるようにニンジンやカボチャなどを食べてカロテノイドを補えばよい．しかし，脂溶性ビタミンは身体のうち，とくに脂肪組織に蓄積するので，過剰に食べると毒性を示すこともある．

5.9 ビタミン類が調節する生化学反応

a．水素原子のシャトル反応に関与するビタミン類

ビタミンB_2（リボフラビン）と**ビタミンB_3**（ニコチンアミド）は水素原子の移動を伴う酸化還元反応に関与する補酵素である．これらの補酵素は生体の生合成・代謝反応のあらゆるところでみられ，アルコール，アルデヒド，ヒドロキシカルボン酸，α-アミノ酸などの可逆的な酸化還元に関与する．し

5.9 ビタミン類が調節する生化学反応

かし，生理的条件下では通常，反応は一方にしか進まず，これらの補酵素は酸化されるか還元されるかのどちらかとなる．

酵素反応が連続して進行するためには補酵素は常に供給される必要があり，このために補酵素の再生過程が存在しなければならない．たとえば，酸化型の補酵素の場合にはある還元型基質から水素を受け取り還元型補酵素となるが，別の酸化型基質に水素を渡して酸化型補酵素に再生することになる．したがって，これらのビタミン類は水素原子をシャトルする機能をもつことになる．

リボフラビン型補酵素としてはフラビンモノヌクレオチド（FMN）とフラビンアデニンジヌクレオチド（FAD）があり，いずれも補欠分子族としてアポ酵素に強く結合して酸化還元反応に関与している．フラビンが還元されると2個の水素原子（H^+とe^-）が1,4-付加して還元型フラビンとなる（図5.10）．

また，還元されるとき水素原子が1個のみ付加してセミキノン型を生じることもある．このため，リボフラビン型補酵素はNADHのような2電子還元や，ミトコンドリアの電子伝達系の3価鉄（Fe^{3+}）のような1電子酸化の仲介ができる．したがって，リボフラビン型補酵素を用いる酸化還元酵素（フラボタンパク）は多様で，O_2以外の電子伝達系成分に電子を与えるデヒドロゲナーゼ，O_2に電子2個を与えて過酸化水素（H_2O_2）にするオキシダーゼ，基質に酸素原子を1個または2個導入するヒドロキシラーゼや酸化的デカルボキシラーゼなどがある．

一方，**ニコチンアミド型補酵素**にはニコチンアミドアデニンジヌクレオチド（NAD^+）とニコチンアミドアデニンジヌクレオチドリン酸（$NADP^+$）が

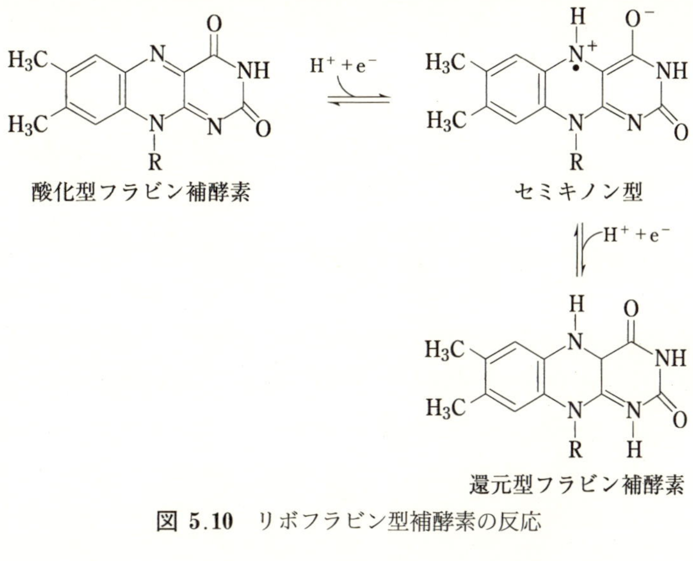

図 5.10 リボフラビン型補酵素の反応

ある．これらは酸化還元反応を触媒するデヒドロゲナーゼの補酵素である．典型的な反応はアルコールデヒドロゲナーゼの関与するエタノールのアルデヒドへの酸化である．図5.11に示すように，反応にはニコチンアミド部分が関与し，ピリミジン環の4位にヒドリドイオンが付加して還元型になる．NAD^+では正電荷はピリミジン環の窒素にあるが，これが4位の炭素に移った共鳴構造を考えればよい．基質からヒドリドイオンがとれてピリミジン環につくとき，1個のプロトンが基質から溶媒中に放出される．デヒドロゲナーゼ反応で見かけは水素原子2個がとれたようにみえるが，実際はヒドリドイオンH^-とプロトンH^+がとれることになる．

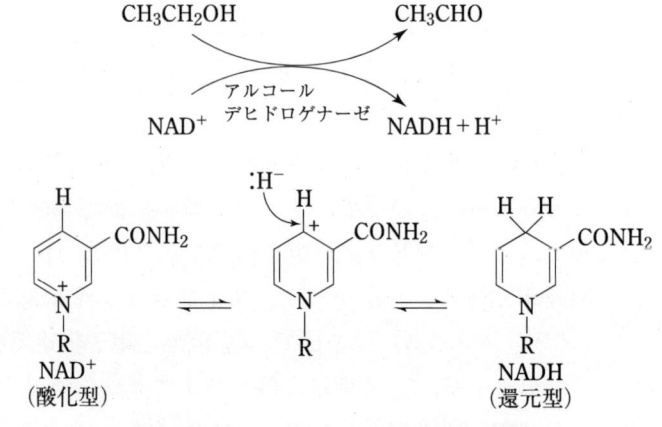

図 5.11 ニコチンアミド型補酵素の反応

図 5.12 ニコチンアミド型補酵素における水素付加の立体化学

　ピリミジン環の4位に水素原子がつく際には**プロキラリティ**が存在する．図5.12で示すように水素がピリミジン環のre面側（紙面の上側）につくもの（pro-R水素）をA型（R型），反対側につくもの（pro-S水素）をB型（S型）という．酵母アルコールデヒドロゲナーゼや心筋ラクテートデヒドロゲナーゼによる還元はA型，肝臓グルコースデヒドロゲナーゼや酵母グルコース-6-ホスフェートデヒドロゲナーゼによる還元はB型である．なお，

可逆反応でピリミジン環から水素原子が脱離する際の立体化学も保持されている．また，基質への水素原子の付加（あるいは脱離）の立体化学も特異的である．

　これらの反応でみてきたように，リボフラビン型補酵素やニコチンアミド型補酵素は，水素原子の一時的な運搬体とみなすことができる．これらのビタミンが関与する酸化還元反応は生体反応として重要であるが，水素運搬反応（あるいは水素貯蔵反応）としても興味深く，水素のリサイクル反応として燃料電池などへの応用面の開発が期待される．

b. 抗酸化作用に関与するビタミン類：活性酸素種からの生体防御

　　ビタミン E（トコフェロール）(**69**) は強い抗酸化作用をもち，がんや心臓疾患の予防に有効であるといわれている．**トコフェロール**は生体内の代謝副産物として発生する活性酸化物質（ヒドロペルオキシドやフリーラジカル）に作用し，有害作用を緩和する．たとえば，スーパーオキシドイオン ($O^{2-}\cdot$) などのフリーラジカルは，安定化する際に近接の生体分子から電子を引き抜き，その生体分子を破壊する．しかし，トコフェロールが存在すると，そのフェノール性水酸基の水素をフリーラジカルに与えることによってラジカル消去作用をする．なお，フリーラジカルに与えたトコフェロールの水素はビタミン C との反応によって回復する．

　　ビタミン C（アスコルビン酸）(**67**) も強還元作用物質として知られている．これが不足すると結合組織の細胞間物質に含まれるムコ多糖が変質し，生成するコラーゲン線維が劣化する．**アスコルビン酸**はコラーゲン前駆体中のプロリン残基をコラーゲン特有のヒドロキシプロリン残基に変える過程に関与する．この過程では，酸化剤の O_2 だけでなく，還元剤としてのアスコルビン酸も必要とされる．なお，酸化されるとデヒドロアスコルビン酸になるが，これはグルタチオン（GSH）などの還元剤の作用でアスコルビン酸に再生される（図 5.13）．

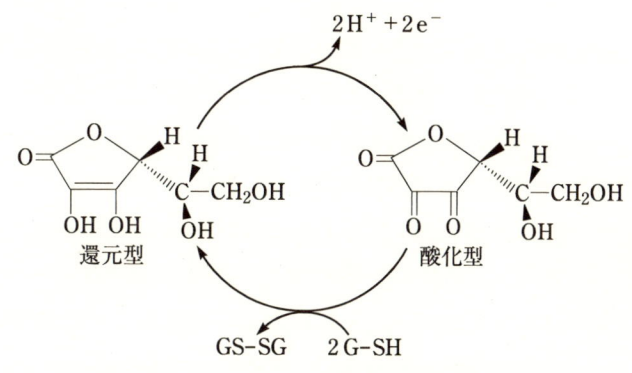

図 5.13 アスコルビン酸(**67**)の酸化還元反応

c. 炭素-炭素結合の開裂反応に関与するビタミン

ビタミンB_1（チアミン）はアルコール発酵，クエン酸回路（TCAサイクル），光合成の炭酸固定反応（カルビン回路）などの生体系の重要な生合成・代謝経路に関与している．図5.14に反応例として，ピルビン酸の脱炭酸，ピルビン酸の酸化的脱炭酸，ケトール類の転移反応（トランスケトラーゼ反応）を示す．

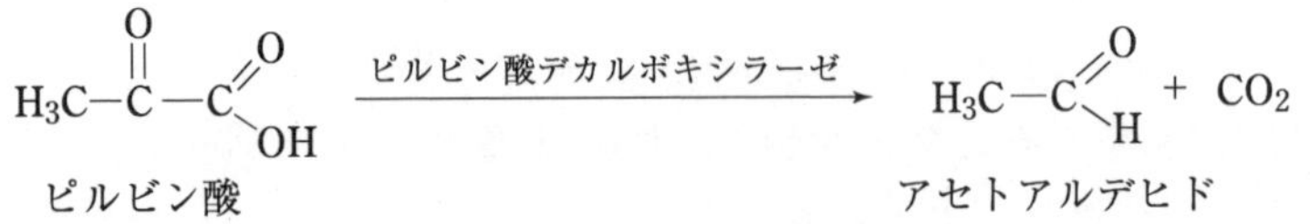

(a) ピルビン酸の脱炭酸

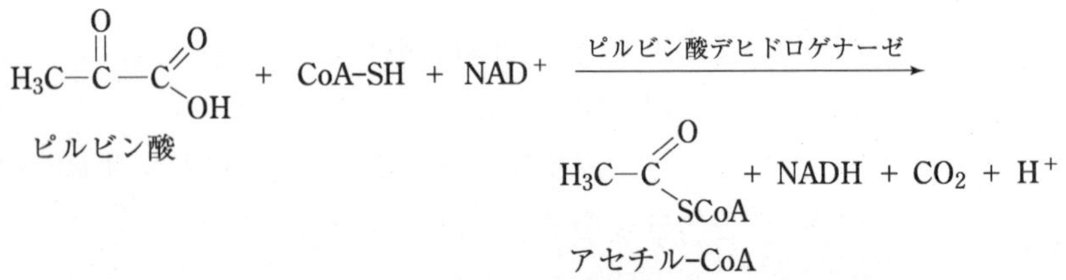

(b) ピルビン酸の酸化的脱炭酸

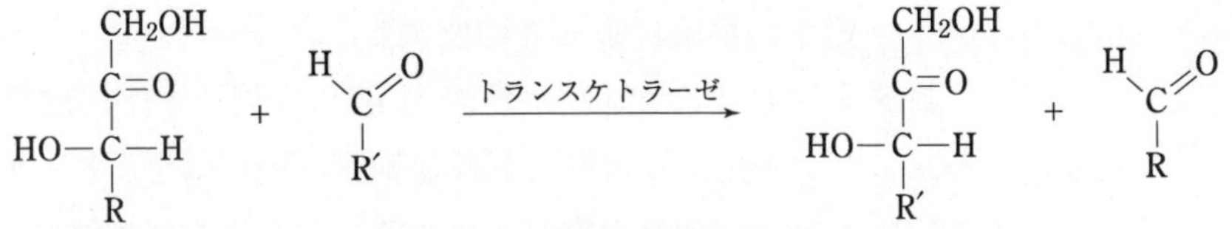

(c) ケトール類の転移反応

図 5.14　ビタミンB_1の関与する生化学反応

ここでは，解糖系によって生成したピルビン酸が脱炭酸によってアセトアルデヒドに変換される反応を詳細にみてみよう（図5.15）．この反応では**チアミン**のチアゾール核のC-2に結合する水素原子がプロトンとして解離し，カルボアニオンを形成する．これにピルビン酸の2位が結合し，ついで脱炭酸，プロトン化してヒドロキシエチル-チアミン複合体を形成する．さらに，一連の電子移動でヒドロキシエチル部分が解離してアセトアルデヒドとなり，チアミン部分はカルボアニオンとして再生される．

d. 炭素原子のシャトル反応に関与するビタミン

ビタミンH（ビオチン）（**71**）はカルボキシル化反応における補酵素として働く．ここでは，脂肪酸生合成の鍵反応の一つであるアセチルCoAからマロニルCoAが生成する反応を例にして，**ビオチン**がどのように反応に関与するのかをみてみよう．アセチルCoAからマロニルCoAへの変換はアセチルCoAカルボキシラーゼによって触媒され，この反応には三つのサブユ

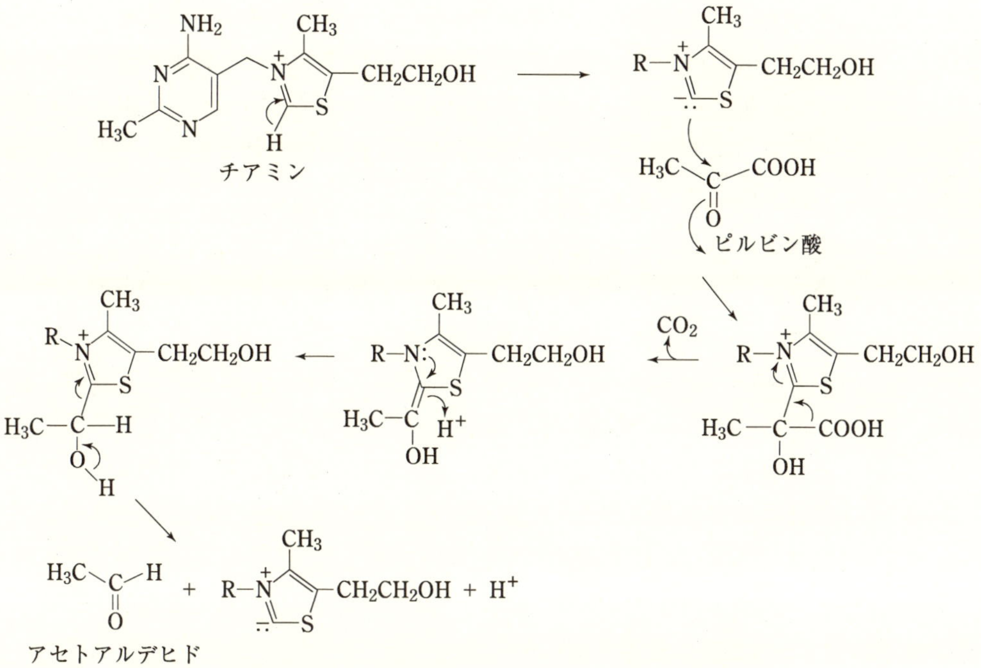

5.9 ビタミン類が調節する生化学反応

図 5.15 ピルビン酸からアセトアルデヒドへの変換

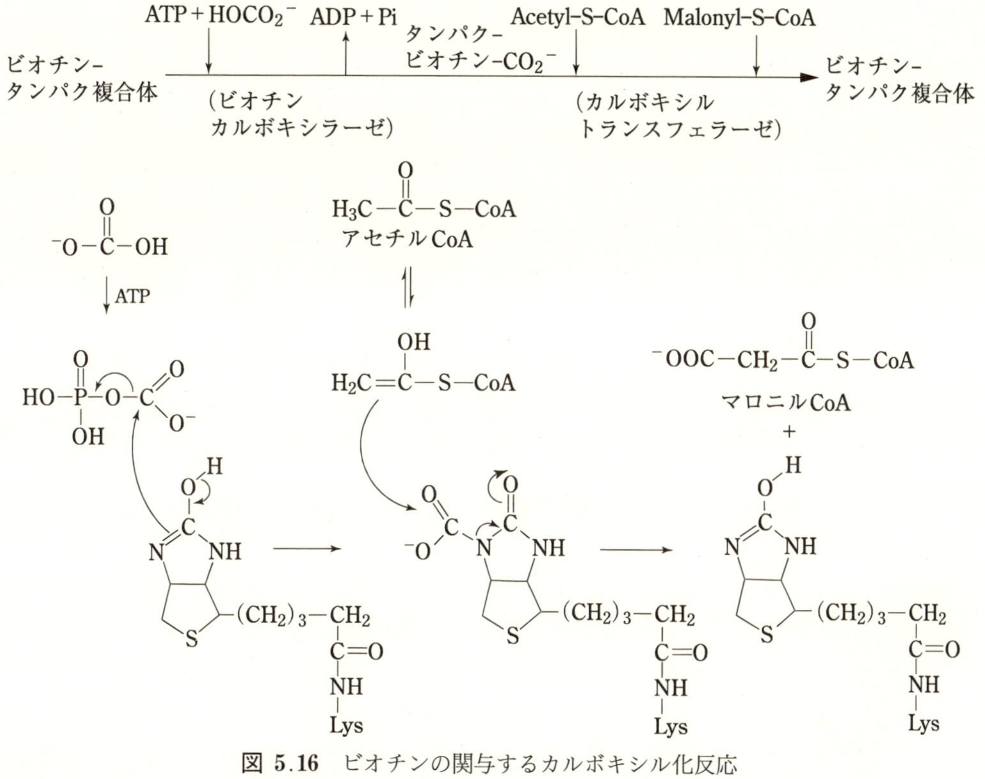

図 5.16 ビオチンの関与するカルボキシル化反応

ニット（ビオチンカルボキシラーゼ，ビオチンカルボキシルキャリヤータンパク（BCCP），およびカルボキシルトランスフェラーゼ）が関与する．ビオチンは補欠分子族として，BCCPのリジン残基のε-アミノ基と共有結合している．反応はビオチンのカルボキシル化と受容体へのカルボキシル転移2段階反応で進行する（図 5.16）．

まず，ビオチンカルボキシラーゼの関与によって，ATPによりリン酸化された炭酸水素塩（HCO_3^-）がビオチン部分に転移する．ついで，カルボキシルトランスフェラーゼの関与によってビオチンに結合したCO_2はアセチルCoAに転移し，マロニルCoAを生成する．CO_2を転移した後は，もとのビオチン-タンパク複合体構造にもどり，次のカルボキシル化反応にそなえることになる．この反応において，ビオチンはCO_2の一時的な運搬体とみなすことができる．ビオチンの関与するカルボキシル化反応は生体反応として重要であるが，**CO_2運搬反応**（あるいはCO_2固定化反応）としても興味深く，炭素源のリサイクル反応として応用面の開発が期待される．

e. 窒素原子のシャトル反応に関与するビタミン

ビタミンB_6（ピリドキサール誘導体）(**65**) は，酵素タンパクの活性部位でリジン残基のε-アミノ基とシッフ塩基をつくって結合し，アミノ酸代謝におけるアミノ基転移，脱炭酸，ラセミ化などの重要な反応を触媒する（図 5.17）．これらの反応はそれぞれ特異的な酵素で触媒されるが，補酵素はすべて**ピリドキサール誘導体**が関与している．

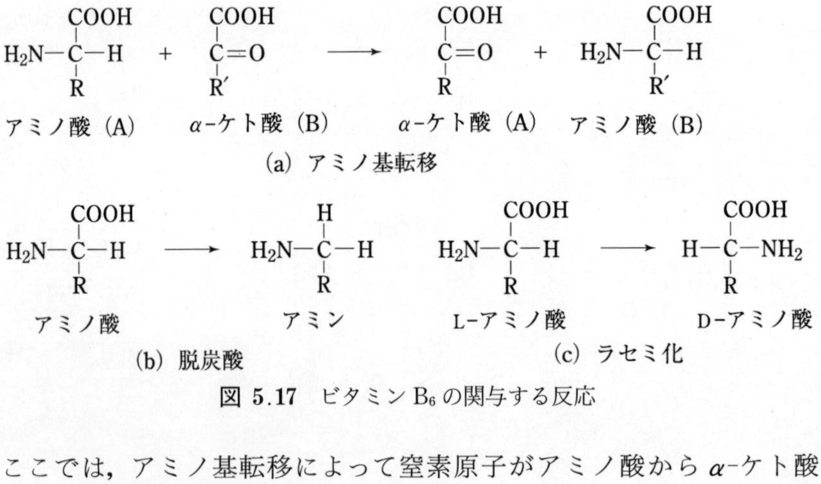

図 5.17 ビタミンB_6の関与する反応

ここでは，アミノ基転移によって窒素原子がアミノ酸からα-ケト酸にシャトルされる反応をみてみよう（図 5.18）．

アミノ基転移の最初の反応は酵素の活性部位に取り込まれたピリドキサールリン酸のアルデヒド基がアミノ酸（A）のアミノ基とシッフ塩基をつくりイミン（a）を生じる反応である．このイミンは電子移動を伴って二重結合の

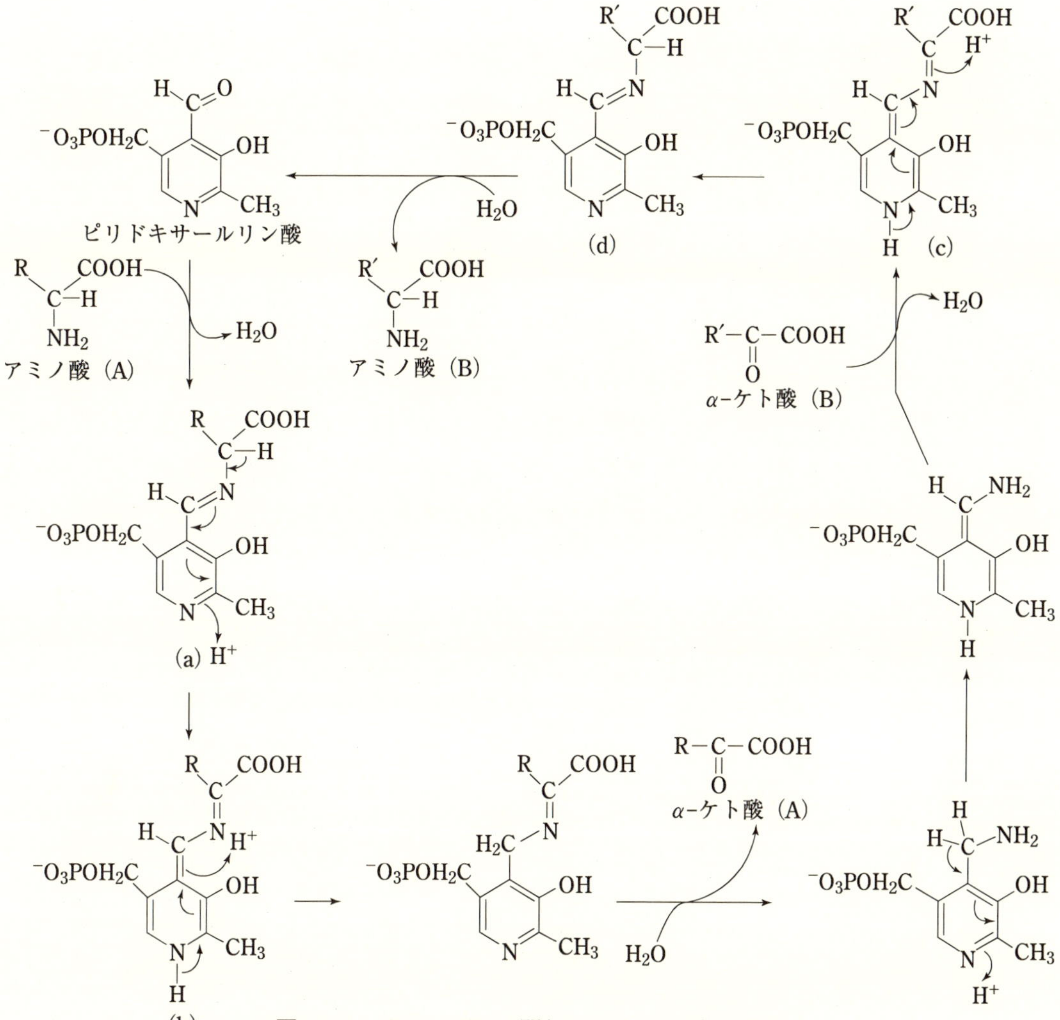

5.9 ビタミン類が調節する生化学反応

図 5.18 ビタミン B_6 の関与するアミノ基転位反応

移動を起こし，ついでアミノ酸部分が脱プロトン化して新しいイミン (b) を生じる．これが再プロトン化の後，加水分解して α-ケト酸 (A) を生じ，ピリドキサールリン酸はピリドキサミンリン酸に変換される．アミノ酸の窒素原子（アミノ基）はピリドキサミンリン酸のアミノ基に移行したことになる．ついで，このピリドキサミンリン酸は別の α-ケト酸 (B) とシッフ塩基をつくりイミン (c) を生じる．ついでこのイミンがプロトン化し，二重結合の移動が起こり，新しいイミン (d) を生じる．これが加水分解してアミノ酸 (B) を生じ，ピリドキサミンリン酸はピリドキサールリン酸に再生される．この一連のアミノ基転移反応によって，アミノ酸 (A) の窒素原子はアミノ酸 (B) にシャトルされたことになる．

なお，図5.17に示したように，アミノ酸のラセミ化や脱炭酸も，関与する酵素系は異なるがアミノ基転移と類似した反応機構によって進行する．

転移を伴う反応は，ビタミンB_6のほかに**葉酸**や**ビタミンB_{12}**（シアノコバラミン）などの関与する反応が知られている．葉酸はテトラヒドロ体としてホルミルなどC_1の転移に関与し，転移したC_1単位はピリミジンヌクレオチド，プリンヌクレオチド，セリン，グリシンなどの生合成に使われる．また，ビタミンB_{12}は5-デオキシアデノシンが結合したコエンザイムB_{12}として，$C-C$，$C-O$，$C-N$結合の組換えやメチル基の転移に関与する．

f. 光感受機能に関与するビタミン

ビタミンA（レチノール）はアルデヒド型レチナールとして視覚に関連することが知られている．**レチノール**はβ-カロチンが腸粘膜に存在するオキシゲナーゼによって切断されることによって生合成される（図5.19）．カロチノイドを多く含有するニンジンやホウレンソウの摂取が夜盲症などの症状に効果があるといわれているゆえんである．

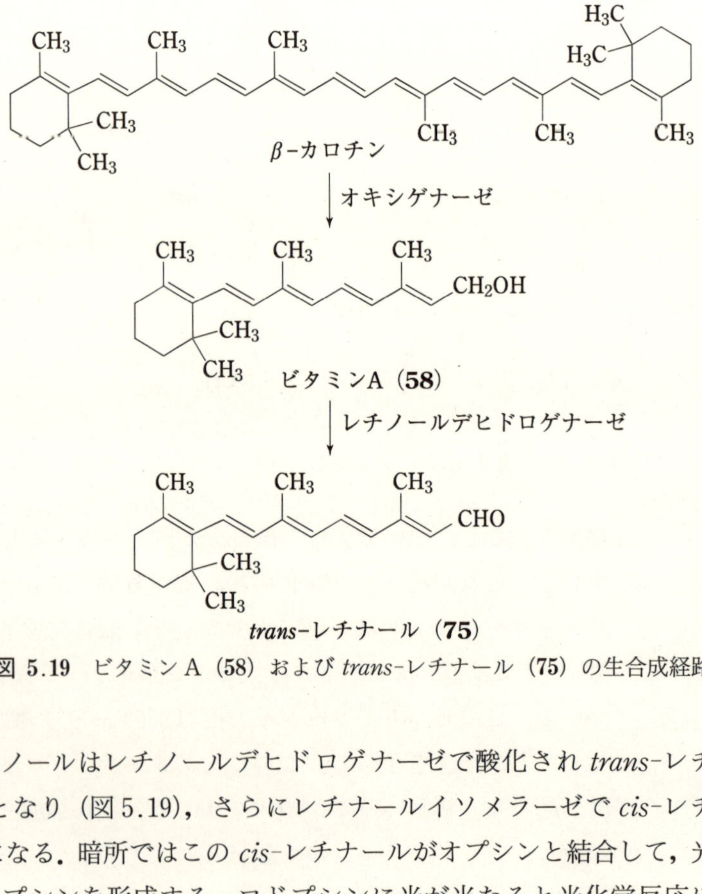

図 5.19 ビタミンA（**58**）および*trans*-レチナール（**75**）の生合成経路

レチノールはレチノールデヒドロゲナーゼで酸化され*trans*-レチナール（**75**）となり（図5.19），さらにレチナールイソメラーゼで*cis*-レチナール（**76**）になる．暗所ではこの*cis*-レチナールがオプシンと結合して，光感受性のロドプシンを形成する．ロドプシンに光が当たると光化学反応によって*cis*-レチナールは*trans*-レチナールに変換される（図5.20）．

レチナールの構造変化がロドプシンの立体構造の変化を引き起こし（ロドプシンの活性化），これが三量体のGTP結合タンパク質（Gタンパク質）を

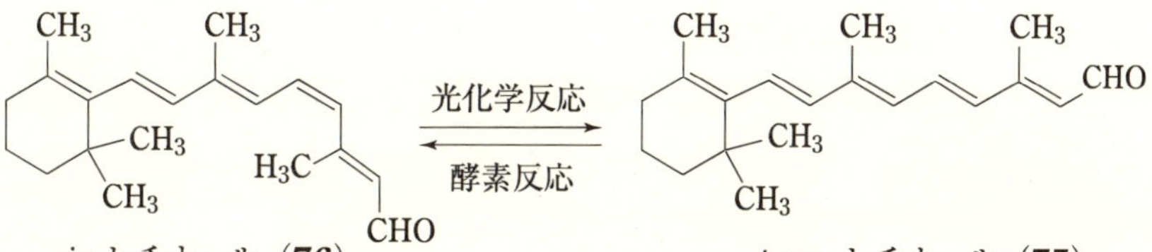

5.9 ビタミン類が調節する生化学反応

図 5.20 レチナールの異性化反応

活性化，cGMP の加水分解，Na^+ チャネルの閉鎖によるイオン透過性の変化を起こし，膜電位の過分極（増幅された電位差信号）として視神経に伝達され，明るさが認識される．*trans*-体に変換されたレチナールはロドプシンから脱離し，レチナールイソメラーゼで *cis*-体に異性化された後，オプシンと結合して光を感受できる状態に再生される．光によって *cis*-レチナールが *trans*-レチナールに変換される反応は非常に早く，ピコ秒であるので，われわれは瞬間的にものをみることができる．しかし，レチナールイソメラーゼによる *cis*-体の再生反応は数秒を要する．これが明るいところから急に暗所に入ったときに目が暗闇になれ，みえるようになるのに数秒を要する理由である．ビタミン A が関与する視覚現象は，光による情報が化学反応（化学情報）に変換されて情報伝達される典型的な例として重要である．

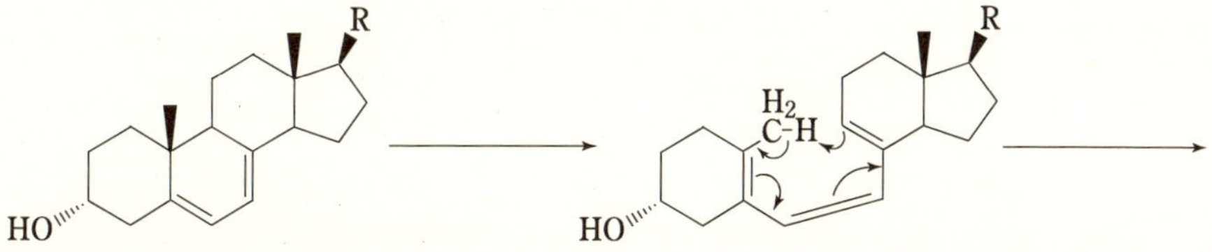

エルゴステロール（**78**）
  R=CH(CH$_3$)CH=CHCH(CH$_3$)CH(CH$_3$)$_2$
7-デヒドロコレステロール（**79**）
  R=CH(CH$_3$)CH$_2$CH$_2$CH$_2$CH(CH$_3$)$_2$

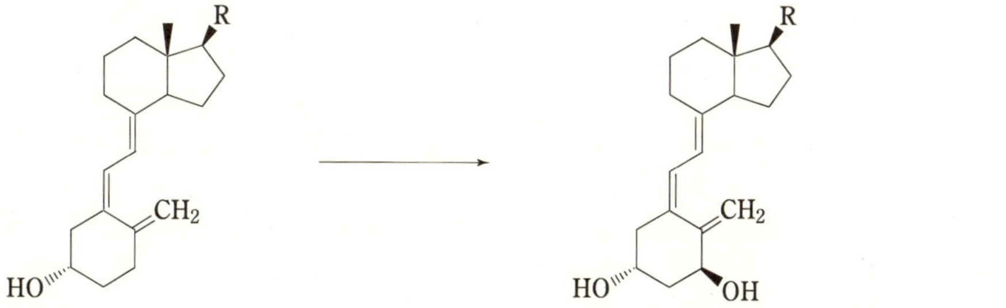

ビタミン D$_2$（**77**）
  R=CH(CH$_3$)CH=CHCH(CH$_3$)CH(CH$_3$)$_2$
ビタミン D$_3$（**68**）
  R=CH(CH$_3$)CH$_2$CH$_2$CH$_2$CH(CH$_3$)$_2$

ビタミン D$_2$（活性型）（**80**）
  R=CH(CH$_3$)CH=CHCH(CH$_3$)C(CH$_3$)$_2$OH
  R=CH(CH$_3$)CH$_2$CH$_2$CH$_2$C(CH$_3$)$_2$OH

図 5.21 ビタミン D の生成経路

g．カルシウム代謝に関与するビタミン

　　　　　ビタミンDは，側鎖構造が異なる6種（D_2〜D_7）がみつかっており，くる病，骨軟化症などの疾患に有効であるといわれている．これらは，カルシウム代謝反応に関与するビタミンであるが，カルシウム代謝を調節するホルモンでもある．活性型のビタミンDは食物中には存在せず，生体内で生成される．

　　　　たとえば，ビタミンD_2（ergocalciferol）（**77**）やD_3（cholecalciferol）（**68**）は，植物性ステロールのエルゴステロール（ergosterol）（**78**）および動物性ステロールの7-デヒドロコレステロール（7-dehydrochoresterol）（**79**）（プロビタミンD_3ともよばれる）が皮膚の外に分泌され，それに紫外線が当たること（**光化学反応**）によって，ステロイド骨格のB環の開裂とシグマトロピー型［1,7］水素転位を伴って生成する（図5.21）．これらはさらに肝臓と腎臓で水酸化されて活性型ビタミンD_2（**80**）となって活性を表す．

【発展】　カルシウムイオンの関与する情報伝達

　　　　カルシウムは骨を構成する成分として重要であるが，体液中にも存在し，成長因子やホルモンなど様々な刺激を細胞内に伝達するなど，幅広い生理作用に関係している．たとえば神経細胞の情報伝達では，細胞内のカルシウムイオンが，様々な刺激によって開いたカルシウムイオンチャネルを通り細胞外に流出し，細胞内外の電位差が減少し，神経伝達物質が分泌され，その結果，神経の刺激伝達が生じる．筋肉ではカルシウムイオンが筋肉細胞に流入すると収縮を起こす．心筋の収縮は，細胞内に少量取り込まれたカルシウムイオンが，トロポニンというタンパク質と結合し，これが筋収縮タンパク質であるアクチンやミオシンに作用して収縮が起こる．

　　　　また，カルシウムイオンは細胞の二次情報伝達物質としても重要な働きをしている．たとえば，細胞膜の受容体にホルモンなどが結合すると，Gタンパク質を介してホスホリパーゼCが活性化され，この酵素によって生成したイノシトール三リン酸（IP_3）が細胞内のカルシウムイオンプールからカルシウムイオンの移動を起こさせる．このカルシウムイオンは細胞膜上のプロテインキナーゼCを活性化する．このようにして，情報伝達カスケードが働くことになる．最近では細胞の情報伝達に関与する多数のプロテインキナーゼやタンパク質分解酵素なども，カルシウムイオンによって活性が調節されていることが明らかにされてきた．

　　　　なお，生体内のカルシウムイオン濃度を制御しているのは，活性型ビタミンD（**80**），副甲状腺ホルモン（PTH）やカルシトニンがあげられる．PTHは血清カルシウム濃度を上昇させ骨のカルシウム量を減少させるが，カルシトニンは逆の作用をもっている．骨は骨格構築の役割のみでなく，生理作用の発現・調節に必要なカルシウムイオンのプールとしても働いていることになる．

h．血液凝固作用に関与するビタミン

　　　　ビタミンK（ナフトキノン誘導体）は血液凝固作用に関連している．血液凝固は多くの因子が関係する複雑なカスケードによって起こるが，最終段階ではフィブリノーゲンがタンパク分解酵素トロンビンによってフィブリンに

5.9 ビタミン類が調節する生化学反応

分解され，これがカルシウムイオンとトランスアミダーゼによって凝固体になる．トロンビンは血漿中のプロトロンビンがコンベルチンによって活性化されてできるが，この際にはプロトロンビンのグルタミン酸残基の γ 位がカルボキシル化される必要がある．この γ-グルタミルカルボキシラーゼ反応にビタミン K が関与している（図5.22）．なお，コンベルチンがプロコンベルチンから活性化される際にもビタミン K が必要なこともわかっている．

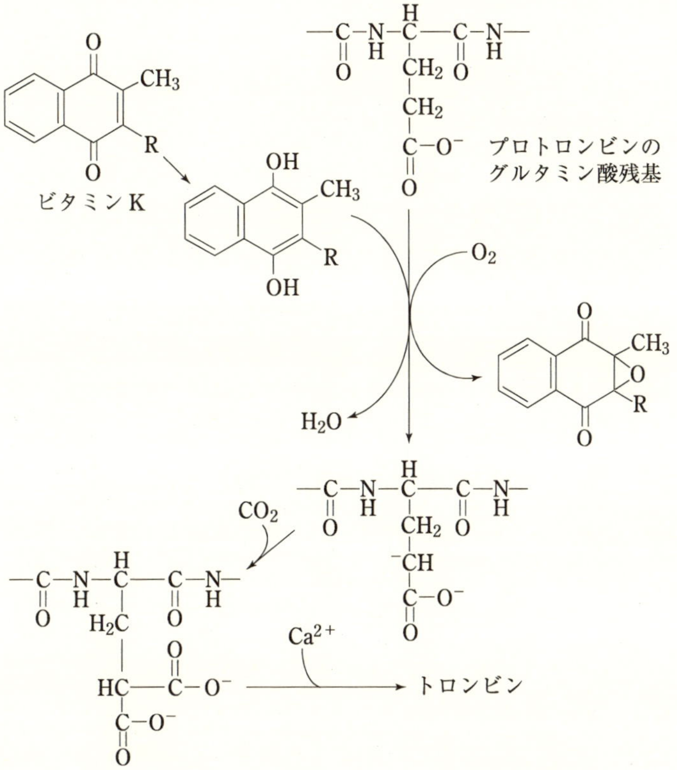

図 5.22　プロトロンビンのトロンビンへの変換

なお，ビタミン K と構造が類似しているワルファリン (81) は，ビタミン K の機能を競争阻害する作用をもっているので，血液凝固阻害剤として脳卒中の治療などに使用されている．

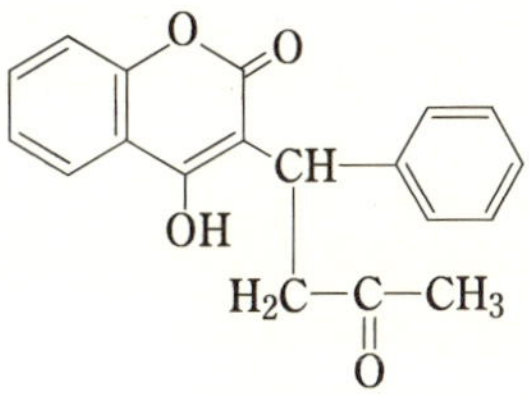

81

● 5章のまとめ

(1) 個々の生体反応を調節・制御する役割をもっている一連の生理活性物質がホルモン（hormone）である．ホルモンはその構造的特徴から，ステロイド系ホルモン，アミン系ホルモンおよびペプチド系ホルモンの三つに大別される．ステロイド系ホルモンはステロイド骨格を有する類似した構造をもっており，性ホルモンなどが知られている．アミン系ホルモンの多くは神経伝達物質として作用する．ペプチド系ホルモンはアミノ酸数個からなるオリゴペプチドから，数百個のポリペプチド（タンパク質）まで様々で，その機能も多様である．

(2) 植物ホルモン（plant hormone）は植物体内で生合成され，微量でその植物の成長や種々の生理作用を制御する物質である．動物ホルモンと異なり，特定の器官のみで生合成されるわけでもなく，特定の標的器官のみに作用するわけでもない．また，植物の発育にしたがって量的・質的に変化して異なった生理作用を示すこともある．

(3) フェロモン（pheromone）は，体内で生産され，体外に排出されて同種の他個体に特異な行動や生理的変化を引き起こす物質である．他種の個体に作用する生理活性物質は他感作用物質（allerochemicals）とよばれている．

(4) 動物の代謝調節に関わり，生命維持のためには微量ながら必須の物質としてビタミン（vitamin）が知られている．ビタミン類は，いずれも生体内の生合成・代謝に関わる酵素反応と密接に関連することより，補酵素の一種とみなされている．ビタミン類は，溶解性によって水溶性ビタミンと脂溶性ビタミンに大別される．

(5) ビタミン類は (a) ヒドリドイオンの移動を伴う酸化還元反応，(b) 抗酸化作用，(c) 炭素-炭素開裂反応，(d) 炭素-炭素結合反応，(e) 転位を伴う反応，(f) 光感受機能，(g) カルシウム代謝，(h) 血液凝固作用などの多様な生化学反応に関与している．

● 5章の問題

[5.1] ホルモン類の作用は酵素反応におけるアロステリック効果に似ているといわれている．アロステリック効果とは何かを記し，類似点について述べよ．

[5.2] 動物ホルモンは化学構造的には三つのタイプに分類される．それらを示し，その構造と機能の特徴を述べよ．

[5.3] バソプレシンとオキシトシンはいずれも脳下垂体後葉から分泌されるよく似た構造のペプチド系ホルモンである．その構造的な違いを述べよ．

[5.4] 中枢神経系のシナプス間隙における神経伝達物質の伝達速度を概算し，神経繊維の軸索における伝達速度と比較せよ．

[5.5] エチレンは果実の成熟促進作用をもつ植物ホルモンの一種である．メチオニンが前駆体と考えられているが，その発生機構を考察せよ．

[5.6] ワサビはすりおろすことによって辛味が発現する．その辛味物質の発生機構を述べよ．

[5.7] 酢酸からマロン酸を生成する酵素反応はビタミンH（ビオチン）を補酵素とする2段階反応で進行する．どのような反応かを述べよ．

[5.8] ビタミンC（アスコルビン酸）とビタミンE（トコフェロール）はいずれも抗酸化作用が知られている．それらの酸化還元様式の違いを述べよ．

[5.9] ビタミンB_6（ピリドキサール誘導体）は，アミノ酸の (a) アミノ基転位，(b) 脱炭酸，(c) ラセミ化，に関与している．これらの機構を述べよ．

[5.10] ビタミンAは動物における視覚現象に関与しているといわれている．光による情報を化学情報に変換する視覚機構について述べよ．

● 参考文献

1) 古前 恒監修：化学生態学への招待，三共出版（1996）．
2) 林 七雄他：天然物化学への招待，三共出版（1998）．
3) 田宮信雄，八木達彦訳：コーン・スタンプ 生化学，第5版，東京化学同人（1987）．
4) 山科郁男監修：レーニンジャーの新生化学，第3版，廣川書店（2000）．
5) 清水孝雄，工藤一郎訳：エリオット生化学・分子生物学，東京化学同人（1997）．
6) 菅原二三男監訳：マクマリー生物有機化学，II 生化学編，丸善（2002）．
7) 山村庄亮，長谷川宏司編著：動く植物—その謎解き—，大学教育出版（2002）．
8) 山村庄亮，長谷川宏司編著：植物の知恵—化学と生物学からのアプローチ，大学教育出版（2005）．

　　1) と2) は，生物の生態や生命現象を天然有機化合物との関連で解説している．3)〜6) は生化学の教科書として，生化学全般の事柄を含んでいるが，ビタミンやホルモンの記載に関しては，次のような特徴を有している．3) と4) はどちらもビタミンやホルモンの作用を生化学反応の観点から解説しているが，どちらかといえば3) が化学的，4) が生物学的といえる．また，5) と6) はホルモンの作用をシグナル伝達の観点から解説している．とくに6) は医薬や食物などわれわれの生活との関連を含めて解説している．7) は植物の動きに関与する植物ホルモンや植物の就眠運動に関与する活性物質について解説している．8) は植物が生きていくために獲得した様々な生命現象について化学と生物学からのアプローチについて解説している．

6 合成化合物の酵素による変換

| キーワード | 酵素の特徴　　生体触媒　　合成基質　　微生物変換　　分子認識　　構成酵素　誘導酵素　　エナンチオ面区別反応　　エナンチオ場区別反応　速度論的光学分割　　動的光学分割　　デラセミ化反応　　プロキラル化合物　エステル交換反応　　エステラーゼ　　リパーゼ　　オキシアニオンホール　アシル酵素中間体　　ニトリルヒドラターゼ　　アミダーゼ　ニトリラーゼ　　エポキシダーゼ　　グリコシダーゼ　　アミノアシラーゼ　デヒドロゲナーゼ（脱水素酵素）　　オキシダーゼ　　オキシゲナーゼ　リポキシゲナーゼ　　アルドラーゼ　　オキシニトリラーゼ　　パン酵母　ソルボース発酵　　ヌクレオシド　　ヌクレオチド　　制限酵素　　プラスミド　PCR　　部位特異的変異　　ランダム変異　　進化分子工学　　触媒抗体 |

● 6章で学習する目標

　　酵素は生体内で，多くの化合物の混合物の中から自らが相手をすべき唯一の化合物をきちんと見分けて，適切な反応を起こす．したがって，基質と酵素の関係は1：1の厳密な対応があり，"鍵と鍵穴の関係"と信じられてきた．ところが最近になって，**酵素**は合成化合物に対しても，作用することがわかってきた．本章では酵素を利用する合成反応にはどのような例があり，その特徴は何であるかを理解することを目的とする．さらに，**遺伝子工学**を利用するとどのようなことが可能になるか，触媒抗体とは何かについて，基礎的な概念を学ぶことにしたい．

6.1　生体触媒とは何か

　　酵素は生体内という多くの化学物質が存在する系では，特定の化合物をきちんと認識して，目的の変換反応のみを実現しなければならない．それによって生体は動的平衡を保つことができる．ヒトの胃袋に分泌されるタンパク質分解酵素が食事としてとった豚カツを消化せずに，自分の胃袋を消化してしまったら大変である．ヘモグロビンが酸素と窒素の区別がつかなかった

ら，大部分の生物は存在し得ない．

いずれにせよ，生命の誕生以来酵素は生体に取り込まれる化学物質を正しく処理するように進化し続けているのである．しかし，生体内にない化合物に関してはそれを排除すべく進化するのは無理である．したがって，合成化合物に対しては，あんがいおおらかで，その変換に酵素を利用することができる．このように酵素を合成化合物の反応に利用するとき，これを**生体触媒**（biocatalysis）とよび，このような反応を biotransformation とよぶ．

生体触媒はこのように，最終的には**酵素**（enzyme，触媒能を有するタンパク質）であるが，実際の変換反応に用いるときは必ずしも純粋な酵素を用いる必要はない．合成化合物に作用する酵素が存在するといっても数は多くないので，**微生物菌体**（microorganism，多くの酵素が詰まっている袋＝bag of enzyme と考えることができる）をそのまま用いても，目的の反応だけが進行することが珍しくない．特定の**合成基質**（synthetic substrate）に作用する酵素が，ただ1種類だけしかその菌体に含まれておらず，しかも生成物に作用する酵素が存在しない場合にはこのような結果になる．

このような微生物菌体そのもの（intact cell）を用いて1段階だけの反応を行う場合，この微生物菌体を生体触媒とよぶ．また，反応のことを**微生物変換**（microbial transformation）とよび，多段階の代謝反応を利用する**発酵**（fermentation）とは区別する（図6.1）．微生物細胞だけでなく，未分化の植物細胞（カルス細胞）も物質変換に利用されることがある．

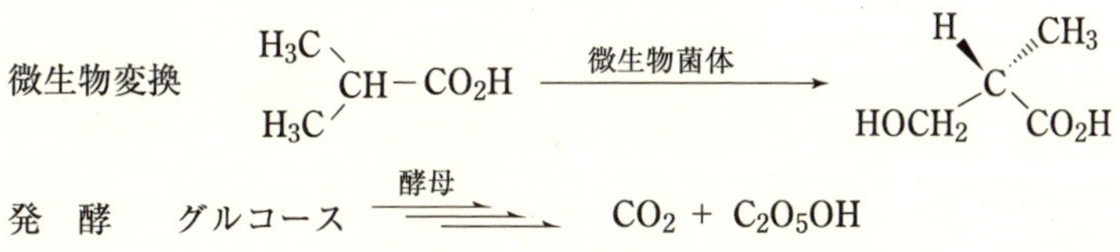

微生物変換　$\mathrm{(H_3C)_2CH-CO_2H}$ $\xrightarrow{\text{微生物菌体}}$ $\mathrm{HOCH_2-C(H)(CH_3)-CO_2H}$

発　酵　　グルコース $\xrightleftharpoons{\text{酵母}}$ $\mathrm{CO_2 + C_2O_5OH}$

図 6.1　微生物変換と発酵

うまくデザインすると哺乳類がつくる**抗体**（antibody，これも本体はタンパク質である）にも触媒能を付与することができる．このような抗体を触媒抗体（catalytic antibody）とよび，生体触媒に含める．

6.2　生体触媒の特徴

酵素触媒は一般的な Lewis 酸などの触媒，錯体触媒と異なる特徴を有し，これは本体がタンパク質であることに由来する．具体的に述べてみよう．

（1）酵素触媒は20種類のアミノ酸からなる高分子であり，構成アミノ酸はグリシンを除いて不斉炭素を有し，純粋な光学活性体である．したがっ

て酵素触媒はミクロな意味で**純粋な光学活性体**（optically pure）である．

（2）酵素はただアミノ酸が連結していれば触媒活性を発現するわけではない．独特の**三次元構造**（tertiary structure）を保っている（これを酵素の三次構造という）ときのみ活性である．したがって，マクロな意味でもキラルである．この三次元構造は最安定配座というわけではなく，加熱や酸・アルカリの作用で変化する．このような変化が非可逆的な場合，酵素は活性を失う．これをタンパク質の**変性**（denaturation）という．

（3）酵素はその活性部位に基質分子を取り込んでから反応を促進する．この**分子認識**の段階があるがゆえにその触媒作用は官能基選択的ではなく，化合物選択的になる．また，上に述べたようにキラルな反応場への取り込みなので，基質のキラリティ，プロキラリティを識別することができる．

（4）酵素は"原系"の基質を活性部位に取り込んで安定な錯体を形成するが，それよりも強く**遷移状態**を認識する．それゆえに遷移状態のポテンシャルエネルギーを下げて，反応を加速することができる．

（5）酵素の活性部位は一般に**疎水性**（hydrophobic）である．したがって，見かけ上水溶液中の反応であるが，溶媒の水分子は活性部位に入らず，脱溶媒和した状態での反応と考える方が妥当である．活性部位には溶媒としての水がないことに起因する特徴的な反応がいくつも知られている．

（6）酵素はアミノ酸が百のオーダー，ときには千以上結合した高分子であるので，実際問題として触媒として使うのに十分な量を化学合成で供給することは無理である．一般的には微生物菌体を利用してつくられる．最近では遺伝子工学が発達しているので，本来動物起源の酵素でも大腸菌や枯草菌という分裂能の高い微生物に遺伝子導入して効率よくつくることが可能となっている．したがって，酵素触媒の出発物質はグルコースやグリセリンなどの炭素源，リン酸アンモンなどの窒素源，それに少量の金属イオンという

酵素は何種類くらいあるのだろうか

酵素を構成するアミノ酸は 20 種類である．また酵素を構成するアミノ酸の数は一概にはいえないが，先に述べたように多くは百のオーダーである．仮に 200 とすると何種類くらいの酵素があり得るだろうか．20 の 200 乗である．これは 10 の約 260 乗にあたる．

ヒトのゲノム DNA の塩基配列がほぼ解読され，遺伝子の数は 10 万以下であろうと信じられている．遺伝子の数は基本的にはタンパク質の種類に対応する．とするとヒトでもその数は 10 の 5 乗以下ということになる．この数と 10 の 260 乗という数字を比較すると，自然は存在し得る酵素タンパク質のすべての可能性を試した末に現在の生物のシステムに行き着いたとは考えにくい．既存の酵素の中に自分の目的に合うものを探すことは重要であるが，酵素の改良によっても，より良い結果が得られることが期待できるゆえんである．

ことができる．多段階の合成プロセスはもちろんいらない．

（7） 酵素は上に述べたように**特異な三次元構造**をとっているが，この立体配座はある程度のしなやかさ（flexibility）をもっている．このことを利用して，立体配座を意図的に変化させると反応の選択性を変えることができる．

（8） 酵素タンパク質はDNAの情報にしたがって生合成される．したがって，その酵素をコードするDNAの塩基配列を変えることによって，酵素を構成するアミノ酸を変えることが可能である．

【発展】 構成酵素と誘導酵素

われわれの細胞はもとをたどれば1個の受精卵である．したがって同じDNAをもっている．それが分裂・分化を経て，血液細胞になったり，あるいは筋肉だったり神経だったりしている．すなわち，遺伝的には同じものが異なる形態をとり，異なる働きをして，ヒトという生命体が成り立っているのである．個々の細胞においては遺伝情報のすべてが常に発現されているわけではないことは明白である．

このことは微生物についてもまったく同じである．微生物においては器官の分化はないが，遺伝情報のすべてが常に働いているわけではないという点では，ヒトと変わらない．たとえば，n-アルカンを栄養源として生育し得る微生物が知られている．では，この微生物はグルコースを栄養源とし得ないかというと，そんなことはない．グルコースで立派に育つ，それどころかグルコースとアルカンがある場合にはもっぱらグルコースを消費する．n-アルカンを代謝するために必要な酵素をつくる潜在的能力をDNA上にもってはいるが，普段それが必要ないときには酵素タンパク質としては発現されていないのである．

グルコースを代謝するための酵素は日常的な環境の中で生きるために必須である．このような酵素の遺伝情報は常に発現されて酵素が生合成されている．このような酵素を**構成酵素**（constitutive enzyme）とよぶ．これに対してある特別な条件下でのみ生合成される酵素を**誘導酵素**（inducible enzyme）とよぶ．普段眠っているDNAをよび起こし，誘導酵素の生合成を促す物質を**誘導剤**（inducer）という．微生物からみれば変わった化合物である合成基質の変換反応を触媒するような酵素は誘導酵素であることが多い．誘導剤として働く物質は変換したい化合物そのものあるいは類似の構造を有する物質であることが多い．

6.3　生体触媒による加水分解反応とエステル交換反応

酵素触媒で加水分解あるいは水和される化合物は数多く，エステル，アミド，ニトリル，エポキシド，糖などが知られている．

a．エステルの加水分解反応機構

カルボン酸エステルを加水分解する酵素は2種類に分けられる．**エステラーゼ**（esterase）と**リパーゼ**（lipase）である．エステラーゼは，炭素数の少ないカルボン酸エステルの加水分解を触媒する．主として水溶液中で作用

する．これに対してリパーゼはエステラーゼの一種であるともいえるが，脂肪すなわち脂肪酸のトリグリセリドを加水分解する酵素で，長鎖脂肪酸のエステルを基質とする酵素である．本来の基質が水不溶性の化合物であるから，水と油の界面で活性を発揮する．したがって，水に不溶性の合成有機化合物には作用しやすく，もっとも広く有機合成化学に利用されている酵素である．これらの酵素は市販されているものも少なくないので，試薬と同じように購入して使うことができる．

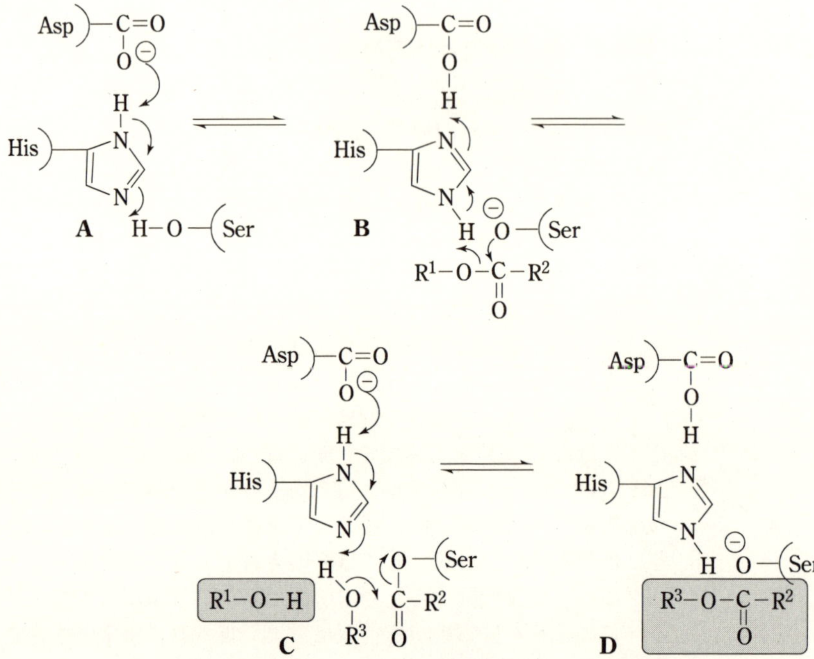

$R^3 = H$；加水分解　　$R^3 = $ アルキル基；エステル交換

図 6.2　エステルの加水分解とエステル交換の機構

エステルの加水分解とエステル交換（後述）の機構を図 6.2 に示した．活性部位には必ずアスパラギン酸とヒスチジン，それにセリンあるいはシステインが存在する．これら3種のアミノ酸残基を**触媒3点セット**（catalytic triad）とよぶ．アスパラギン酸のアニオンがヒスチジンからプロトンを引き抜き，イミダゾール環がアニオンとなる．するとイミダゾール環そのものは動かなくても電子の移動だけで他方の N 原子がアニオンとなり，塩基の位置が動いたことになる．さすが神様という感じの巧妙な仕掛けである．これがセリンからプロトンを抜く（**A**）．このようにして求核性が増したセリン残基（あるいはシステイン残基）がエステルのカルボニル基を攻撃する（**B**）．アルコール部分はただちにプロトンを拾ってアルコールとして脱離し系外に去り，セリンがアシル化されることとなる．これを**アシル酵素中間体**とよぶ

(**C**). アルコールの代わりに水がきて，イミダゾール環によって活性化され，アシル酵素中間体を求核的に攻撃すればカルボン酸が生成し，再びセリン残基は活性化されることとなる（**D**）．

【発展】 エナンチオ選択性の発現

加水分解反応の遷移状態は，アシル酵素中間体の形成過程あるいはそこから再び遊離のセリンが生成する過程にある（図6.1）．遷移状態ではカルボニル基の炭素は sp^2 から sp^3 になり，酸素原子はアニオンとなる．この遷移状態を安定化するためにいくつかのプロトン供与性のアミノ酸残基が水素結合を形成して，負電荷を中和しているのである．この負電荷を帯びた酸素の結合ポケットを**オキシアニオンホール**（oxyanion hole）とよぶ．

この遷移状態では生成しつつもしくは開裂しつつある結合，すなわちセリンの酸素とテトラヘドラル炭素との結合と残りの二つの酸素の孤立電子対がアンチペリプラナーな関係になるとき，そのコンホメーションが安定であると理論計算で示される．このような仮定をおくと，アルコール部分の立体配置の違いによって反応速度が異なることが説明できる．アルコールの不斉炭素に結合した一番大きな置換基（L）はもっとも立体障害の小さい方向に向く．すると2番目の置換基と水素の立体配座は一義的に決まることになり，R 体と S 体で逆になる．結合部位内のアミノ酸残基との立体反発によってどちらが有利であるか決まる．有利な立体配置を有する異性体の方が，遷移状態のエネルギーが低いことになり，反応速度は速くなる．

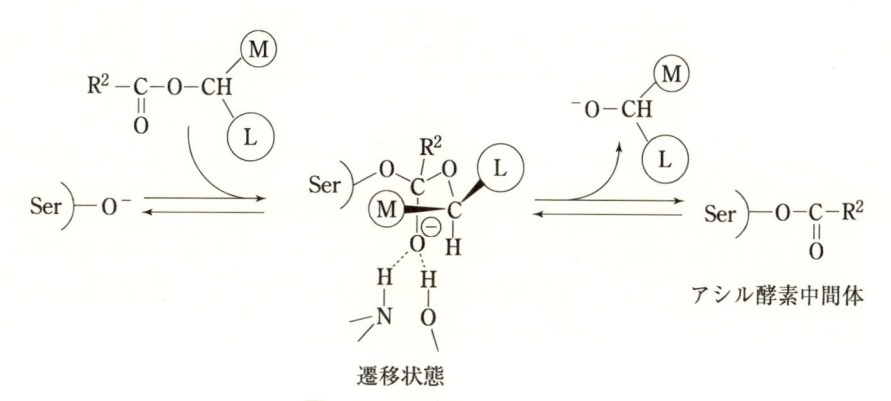

図 6.3 遷移状態の立体配座

この反応をアルコールの共存下，有機溶媒中で行うとどうなるであろうか．アシル酵素中間体を攻撃する求核種は水酸化物アニオンではなく，加えたアルコールから来るアルコキシアニオンになるであろう．ならば生成物はエステルである．出発物質と比較するとアルコール部分が変化しているので，これを**エステル交換反応**（transesterification）とよぶ（図6.3）．

加水分解反応にしてもエステル交換反応にしても，酵素を使わなくても簡単に進行させることができる反応である．わざわざ酵素を使ってやる最大のメリットは，立体配置の識別が可能で，光学活性体の合成に有用だからである．

b. ラセミ体エステルの加水分解反応による速度論的光学分割

　　ラセミ体のエステルを加水分解する際に触媒として硫酸を用いれば，R 体も S 体も反応速度はまったく同じである．しかし，酵素は光学活性体であり，いったん基質と錯体を形成して反応が進行するのであるから，R 体と S 体では反応速度が異なる．たとえば酵素を一足の靴の片方だけ（たとえば右足用）と考えるとわかりやすい．右足はすんなり入るが，左足はそうはいかない．足の右，左を R, S といいかえれば鏡像異性体による反応速度の違いが納得できる．この違いが十分大きければ R と S のどちらか一方だけが酸とアルコールに分解することになる．不斉中心が酸部分にあってもアルコール部分にあってもその化合物にあう酵素を使えば反応速度の差はでる（図 6.4）．

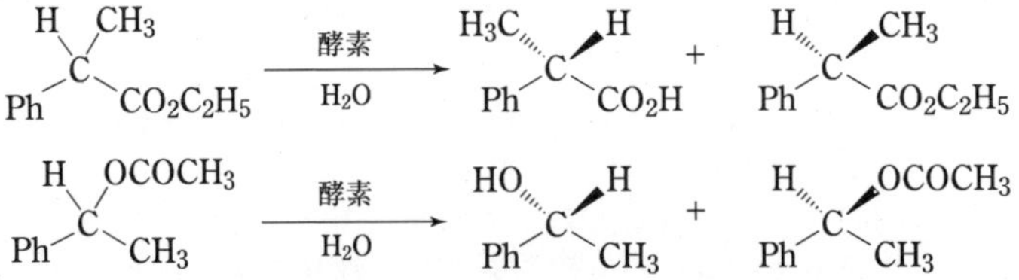

図 6.4　速度論的光学分割

　反応後に得られるものはカルボン酸とエステルあるいはアルコールとエステルである．これらは化学的に異なる化合物であるから，一般的な方法で分離精製することができる．これはとりもなおさずラセミ体を R 体と S 体に分けたことになるではないか．反応速度の差によってラセミ体を光学活性体に分割しているので，**速度論的光学分割**（kinetic resolution）という．反応速度が 50 倍くらい違えば実用的に有効である．収率が理論的に 50% を超えないこと，反応後必ず分離操作が必要なことが欠点であるが，両エナンチオマーが手軽に得られる長所がある．

c. エステルの加水分解反応によるメソ体からの光学活性体の合成

　　速度論的光学分割は，エナンチオマー間の立体配置の違いを酵素が見分けることを利用する光学活性体の合成法であった．この反応の"分子内"バージョンが，メソ体からの光学活性体の合成である．要するに，立体配置の異なる二つのエステル基の一方を加水分解できればよい．この場合には反応後の分離の操作は不要で，収率も理想的には 100% に達することになる．不斉炭素が酸部分にあっても，アルコール部分にあってもうまくいくことはラセミ体の場合と同じである．ただし，メソ体は不斉炭素が 2 個，4 個と複数あるのでジアステレオ異性体が存在し得る．基質を合成するときにジアステレオ選択的反応が必要なので，不斉中心 1 個の化合物を用意するほど簡単ではない．基質をつくりやすいという理由で，環状の化合物の反応例が多いが，も

ちろんそれに限られるわけではない．

このような反応では生成物を分ける必要がない代わりに，二つの官能基を区別する反応がなければその後の合成化学的展開は不可能である．幸いなことにエステルとカルボン酸は，還元剤を使い分ければ一方だけをアルコールに還元することができる．アルコールとそのアセチル保護体を容易に区別できることはいうまでもない．また，図 6.5 の二つの反応の生成物はまったく異なる化合物にみえるが，実は骨格や炭素数は互いに同じで，酸化度が違うだけであることに注意していただきたい．酸化剤や還元剤を巧みに使えば，お互いに変換可能である．もちろん手間は多少違うかもしれないが，最低限，図 6.5 の二つのうちいずれかがうまくいけば次の展開が望めることになる．

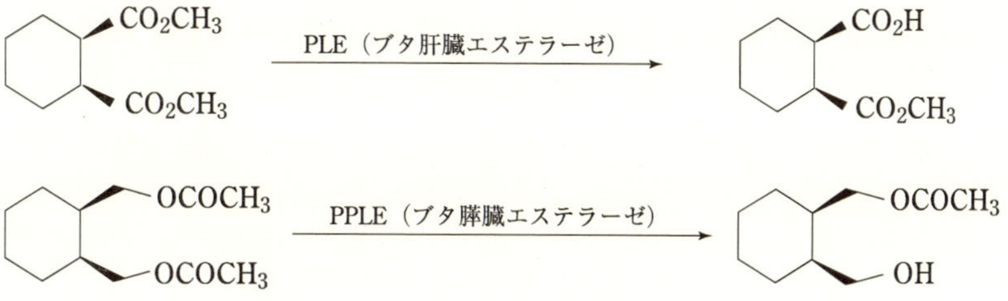

図 6.5 メソ体からの光学活性体の合成

d．エステルの加水分解反応によるプロキラル化合物からの光学活性体の合成

プロキラル化合物とは，ある反応を施すと不斉炭素を有する化合物になる化合物のことで，非対称ケトン（還元すれば不斉炭素が生成する）のような sp^2 炭素を有する化合物と，CXYZZ のような置換形式になっている sp^3 炭素を有する化合物の 2 種類に分けることができる．後者の中心炭素をプロキラル炭素あるいはプロキラル中心とよぶ．2 個の Z のうちどちらか 1 個を Z′ に変換すればキラリティを有する化合物となる．前者から光学活性体を得る反応を**エナンチオ面区別反応**（enantioface differentiating reaction），後者から光学活性体を合成する反応を**エナンチオ場区別反応**（enantiotopos differentiating reaction）という．ここでは後者の反応について述べる．

一般的な化学反応では 2 個の Z のうちの 1 個だけを Z′ に変換することすら容易でないが，仮にできたとしても生成物はラセミ体である．ところが酵素はこの難しい反応を軽々とやってのける（図 6.6）．この場合にも，プロキラル炭素は酸部分にあってもアルコール部分に含まれていても構わない．

なぜ一方のエナンチオマーだけが得られるかという理由については，ラセミ体やメソ体の場合よりわかり難いかもしれない．簡単な模式図を使って説明しよう．図 6.7 の A と B をみていただきたい．図 6.6 の下の反応式の基質と酵素の結合の様子を描いたものである．加水分解を受けるエステル基は

図 6.6 プロキラル化合物からの光学活性体の合成

必ず [Ser] と書いた位置にこなければならない．また他方のエステル基が結合すべき位置も様々なアミノ酸残基との具合のよい相互作用で決まると考えよう．すると二つあるエステル基のどちらが反応部位にくるかによって，ベンジル基と水素の占める位置が逆になる．模式図をみればわかるように酵素が用意しているポケットの大きさが違うものであるとすると，エネルギー的には大きな差が生ずることになる．図6.7でいえば A の方が断然有利である．したがって，得られるモノアセチル体は光学活性体となるのである．

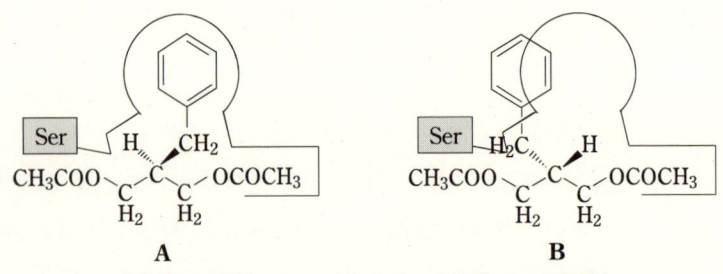

図 6.7 酵素によるプロキラル化合物の立体認識

　酵素は光学活性な高分子であり，隅から隅までキラルな環境を有する．したがって反応点と不斉中心あるいはプロキラル中心が少しくらい離れていても，不斉認識には何ら関係ないはずである．この点は，錯体触媒の不斉リガンドの大きさがせいぜい反応分子と同じ程度で，反応中心近傍のキラリティしか認識できないこととは異なる．しかし一般的には，離れれば離れるほどコンホメーションの自由度が増すので，キラリティの影響が現れ難くなるであろう．したがって，立体配置を認識されるべき中心コンホメーションの自由度が比較的小さい環状化合物上にあると，遠くまでその影響が及ぶことになる．図6.8は典型的な例である．

e．エステル交換反応による光学活性体の合成：有機溶媒中の酵素反応

　　エステル交換反応は，水の代わりに第二のアルコールが使われていると考えれば，加水分解反応と本質的に同じである．水のない条件下で反応を行わなければならないので，有機溶媒を使う．オクタン，シクロヘキサン，トルエン，ジイソプロピルエーテル，t-ブチルメチルエーテル，THF など，適度

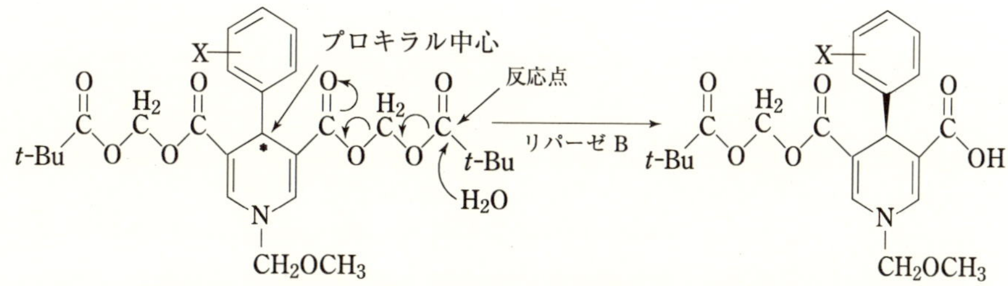

図 6.8 反応中心とプロキラル中心が離れている化合物の反応

な沸点を有する非プロトン性溶媒が好んで使われる．アルコールなどのプロトン性溶媒は酵素を失活させる．酵素の構造中に存在する水まで交換して水素結合のネットワークを変えてしまうような反応環境を設定してはならないということである．

アルコールを大過剰には使えないということは反応に深刻な影響を及ぼす．図 6.9 に示すように出発物質の RCO_2R^1 が酵素のセリン残基と反応してアシル酵素中間体を形成する．それが R^2OH と反応すると，期待するエステルが生成する．しかし，反応が進行すると R^2OH は次第に減少し，R^1OH が蓄積してくる．するとアシル酵素中間体と R^1OH の反応が無視できなくなる．逆に生成物のエステルとセリン残基の反応も無視し得ないであろう．結局平衡となって，目的物の収率が低くなる．この問題の解決には，現在では二つの方法が使われている．

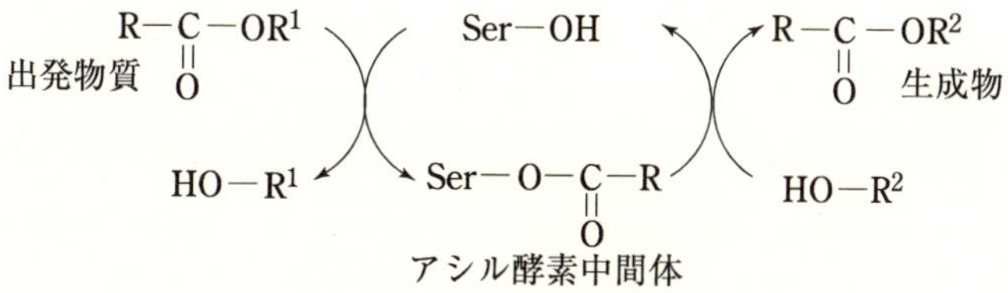

図 6.9 エステル交換反応

第一の方法はエステルとしてビニルエステルを用いる方法である．すると第1段階の反応で生成するのはビニルアルコールであり，これは簡単にアセトアルデヒドに異性化する．したがって，原料エステルからくるアルコールは反応系中に存在しないことになる．当然逆反応は起こり得ない．生成するアセトアルデヒドは反応性の高い物質なので，ときとして酵素を失活させることがある．そのようなときには，反応温度を上げて系外へ揮発させるか，ビニルエステルの代わりに2-プロペニルエステルを使い，生成するカルボニル化合物が反応性の低いアセトンとなるようにする．

第二の方法は R^1 を電子求引性基とすることである．CH_2CCl_3 や CH_2CF_3 が好んで使われる．R^1 が電子求引性であると，出発物質であるエステルのカルボニル炭素の電子密度が下がるので，求核剤（セリン）に対する反応性は

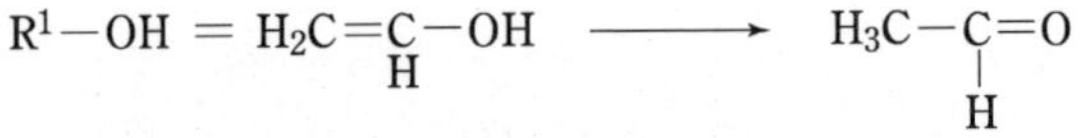

$$R^1-OH \rightleftharpoons H_2C=\underset{H}{\overset{|}{C}}-OH \longrightarrow H_3C-\underset{H}{\overset{|}{C}}=O$$

図 6.10　生成するアルコールの異性化

相対的に高くなる．また同様に R^1OH の求核性は下がるので，R^2OH と比較してアシル酵素中間体とは反応し難くなる．これら両方の効果が相まって，反応を生成物側へ偏らせることになる．

実際にはビニルエステルを使う反応が圧倒的に多い．エステル交換反応による光学活性体の合成の典型的な例をいくつかあげる（図6.11）．この反応も，ラセミ体の光学分割，メソ体，プロキラル体の光学活性体への誘導に有効である．

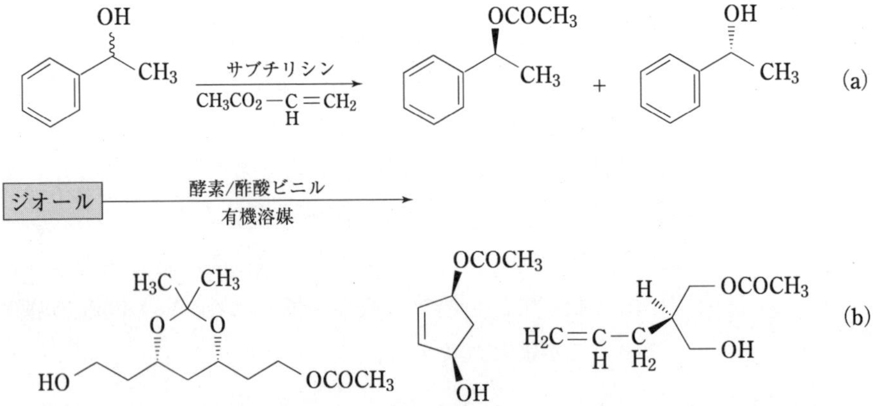

図 6.11　エステル交換反応による光学活性体の合成の例：(b)では出発物質はジオールであり，生成物のみを記した．

【発展】　動的光学分割（dynamic kinetic resolution）

速度論的光学分割では，反応はエナンチオ選択的で光学活性体が得られるが，収率が理論的に50%を超えないのが本質的欠点である．出発物質と生成物の分離の手間もある．100%反応が進めば一気にこの弱点を克服できる．何かよい方法はないものだろうか？　加水分解反応でこのようなトリックを仕掛ける方法はただ一つ，基質を反応条件下で**ラセミ化**させることである．しかし，生成物もラセミ化するのでは何にもならない．都合のよいことに，遊離のカルボン酸の α 位の水素の酸性は対応するエステルのそれより小さいので原理的には可能性ありということになる．

もっともわかりやすいのは**チオールエステル**の加水分解である．生体内でカルボン酸を活性化する際には補酵素Aを使ってチオールエステルとするように，S原子の電子求引性によってチオールエステルはエノール化しやすい．これを基質にして加水分解してカルボン酸とすれば，弱塩基性条件下ではカルボキシラートアニオンとなってラセミ化し難いと期待できる．

実際この考え方はうまくいく．図6.12に示すように，第三級アミンの存在下でチオールエステルを酵素によって加水分解すると定量的収率で光学活性カルボン酸が得られた．出発物質がエノール型を経てラセミ化している以外に機構は考

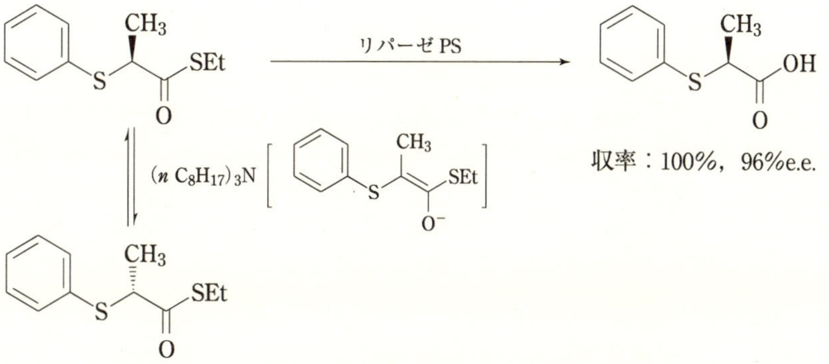

6.3 生体触媒による加水分解反応とエステル交換反応

図 6.12 チオールエステルの酵素による動的光学分割

られない．

　基質がラセミ化しやすくて，生成物はその条件下で安定であるように基質や反応条件をデザインする方法はほかにもある．**ヒダントイン**の加水分解がその好例である（図6.13）．この場合には基質はpH 8の反応条件下でラセミ化し得る．もちろん生成物は安定である．基質のラセミ化の中間体として想定されるエノラートは共鳴構造式を描いてみると，窒素の孤立電子対を含めて 6π 電子系となり，芳香族性を獲得して安定化できることがわかる．したがって，弱塩基性条件下でラセミ化し得るものと考えられる．

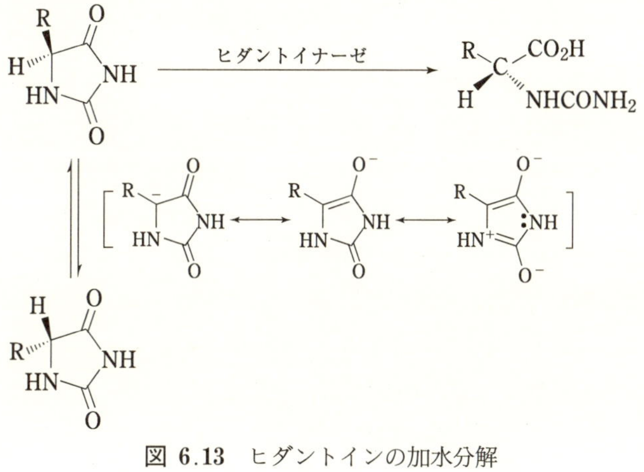

図 6.13 ヒダントインの加水分解

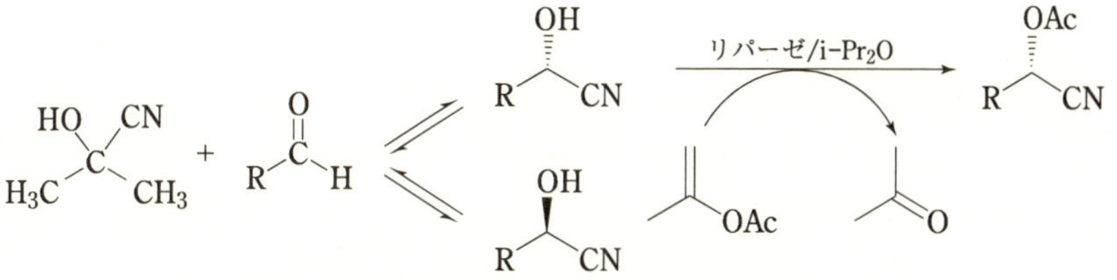

図 6.14 シアノヒドリンの動的光学分割

　エノール化とはまったく別の機構でラセミ化し得る化合物がある．**シアノヒドリン**がそれである．図6.14に示すように他のカルボニル化合物（この場合にはアセトン）とHCNをやりとりすることによって結果的にラセミ化できる．ベンズアルデヒドのシアノヒドリンをエナンチオ選択的にアセチル化するが，アセトンシアノヒドリンは基質としない酵素があれば光学活性なシアノヒドリンアセター

トを得ることができることになる．実際，リパーゼ (lipase) の一種がこの反応を触媒することが見出された．

【発展】　エノールエステルの加水分解による光学活性体の創製

有機溶媒中の反応では酢酸ビニルや酢酸イソプロペニルがアセチル化剤として活躍した．この場合には，副成を避けられないアルコールが揮発性のカルボニル化合物となって，平衡を目的物の方に偏らせる役割を担っていた．ここで，違った観点から見直してみよう．

"加水分解反応によって，カルボン酸やアルコールではなく，カルボニル化合物ができる"

何か面白そうなことがありそうである．加水分解に伴ってプロトン化される炭素に水素以外の異なる置換基が結合していれば，反応後その炭素は不斉炭素となる．もし，このプロトン化がエナンチオ面選択的に起これば，カルボニル基の α 位にキラリティを有する光学活性ケトンの合成法となる．大量の水がある環境でこのような反応を行ってもラセミ体しかできないが，先に述べた疎水性反応場としての酵素の特徴が発揮されれば，光学活性体の生成が期待できる．

実際にいくつかの成功例がある．増殖した酵母菌体そのものを使った反応で，90%程度の光学純度ではあるが，目的の光学活性ケトンが得られている（図6.15）．

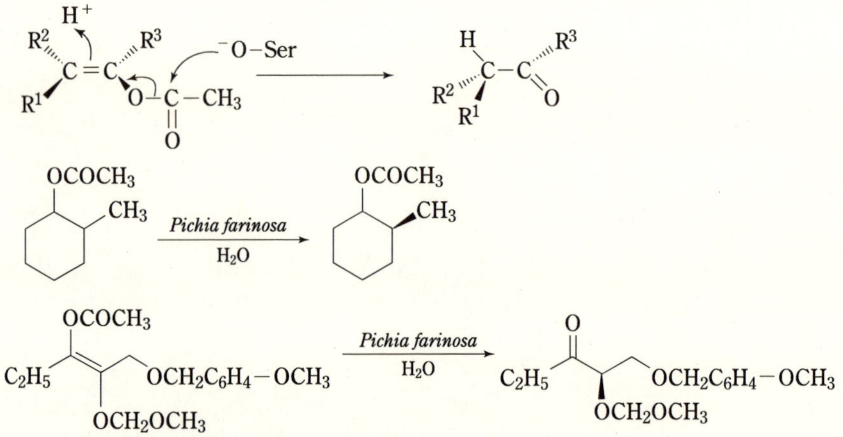

図 6.15 酵母菌を使った不斉加水分解反応による光学活性ケトンの生成

f．ニトリルの加水分解

ニトリルの加水分解は化学的にも可能な反応であるが，強酸性や強アルカリ性条件下で加熱するという激しい反応条件が必要である．この点だけとっても，酵素を使って室温・中性で加水分解できれば大いにメリットのある反応になり得る．また，立体化学的選択性が伴えばさらに有用性の高い反応になる．

ニトリルの加水分解に関与する酵素は3種類ある．ニトリルをアミドに変換する**ニトリルヒドラターゼ** (nitrile hydratase)，アミドをカルボン酸にする**アミダーゼ** (amidase)，そしてニトリルを直接カルボン酸に変換する**ニト

リラーゼ (nitrilase) である．これまでに放線菌をはじめとするいくつかの微生物に酵素活性が見出されているが，2段階の反応でニトリルをカルボン酸にする酵素系の方が多い．また，立体選択性でいえば，ニトリルヒドラターゼよりアミダーゼの方が高い．

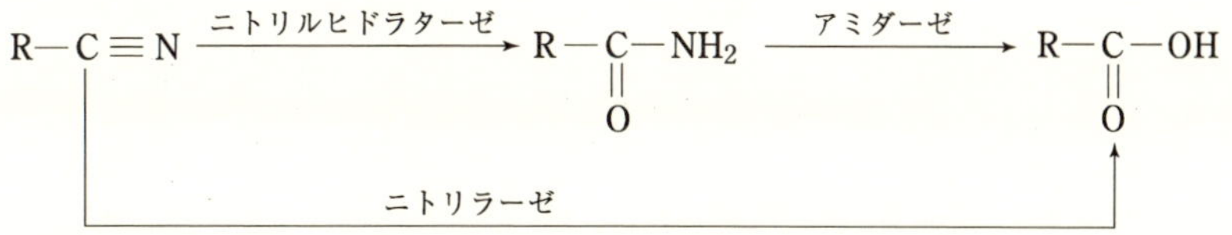

$$R-C \equiv N \xrightarrow{\text{ニトリルヒドラターゼ}} R-\underset{\underset{O}{\|}}{C}-NH_2 \xrightarrow{\text{アミダーゼ}} R-\underset{\underset{O}{\|}}{C}-OH$$

ニトリラーゼ

図 6.16 ニトリルの加水分解

生体触媒反応がバルクケミカルの製造にも利用されている例として有名なのが，アクリロニトリルの対応するアミドへの変換である (図 6.17)．この微生物はイソブチロニトリルをカルボン酸まで変換する菌として発見されたものであるが，基質がアクリロニトリルになると，アミドでピタッと反応が止まる点が大きなメリットになっている．また，温和な反応条件とともに，1Lの培地で実に数百gの生成物を蓄積することが可能で，微生物反応としては例外的に高濃度であることが工業的プロセスとして成り立つ重要な要因である．

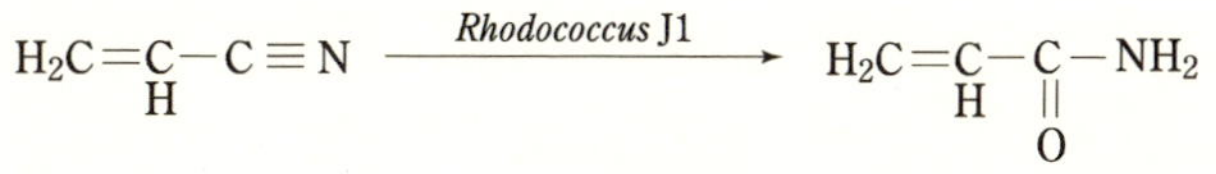

$$H_2C=\underset{H}{C}-C \equiv N \xrightarrow{Rhodococcus \text{ J1}} H_2C=\underset{H}{C}-\underset{\underset{O}{\|}}{C}-NH_2$$

図 6.17 アクリロニトリルの微生物によるアミドへの変換

g．エポキシドの加水分解

末端オレフィンを酸化してエポキシドとし，さらに水和によってジオールを生成する反応は，その後の酸化的代謝反応の一部である．エポキシドの水和は化学的にも容易に起こり得る反応ではあるが，酵素触媒による反応はそれに比べて多様性があり，それゆえ有用であることがある．

エポキシドの開環反応は S_N2 反応である．化学反応のときは立体障害の小さい末端の炭素に対してのみ水の攻撃が起こる．したがって，水として $^{18}OH_2$ を使えば，^{18}O は末端にのみ入ることになる．酵素反応の場合にも，S_N2 反応ではあるが，水の攻撃が第二級炭素へ起こることもある．したがって，$^{18}OH_2$ 中で反応を行うと図 6.18 の両方のジオールができる可能性がある．

上記の位置選択性とエナンチオ選択性がうまく組み合わさると，以下のように合成的に大変有用な反応となる．

ラセミ体エポキシドに対して，酵素1は(R)体選択的に末端炭素に対する

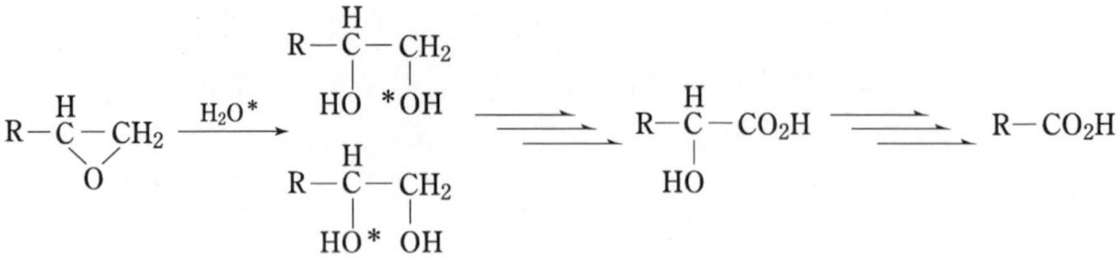

図 6.18 エポキシダーゼによるエポキシドの開環反応

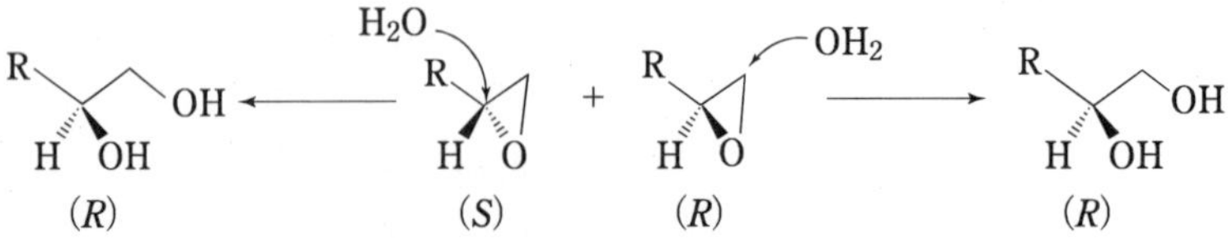

図 6.19 エポキシダーゼの位置選択性

水の攻撃を触媒する．すると立体配置は保持されるので，(R)のジオールが生成する．これに対して酵素2を使うと，(S)体選択的に反応が起こり，しかも位置選択性も酵素1とは逆に第二級炭素を攻撃すると，立体配置は反転するので，得られるものはやはり(R)-ジオールとなる．この両者をあわせ用いると，結局ラセミ体エポキシドから，ジオールの単一エナンチオマーが収率100%で得られることになる．

さらに別の機構で進行する酵素反応も知られている．直接水が求核攻撃するのでなく，酵素のアミノ酸残基（たとえばアスパラギン酸のカルボキシル基）がいったん反応する．第二級炭素を攻撃する場合はこのときも S_N2 反応であるので立体配置は反転する．続いてアスパラギン酸の結合部位が加水分解されるときはカルボニル基と酸素の間で結合が切れるので立体配置は変化しない．結局この場合もラセミ体から単一エナンチオマーが得られることになる．

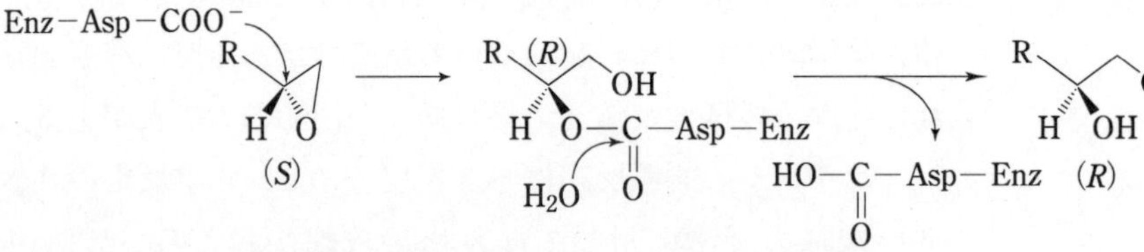

図 6.20 立体反転を伴うエポキシドの開環反応

h．糖の加水分解と配糖化

二糖，三糖あるいは多糖を単糖へ加水分解するのが**グリコシダーゼ** (glycosidase) である．この反応は有機合成化学的には大きな意味はもたない．しかし，この反応は平衡反応であり，有機溶媒中で行うことも可能なので，アルコールの配糖化に利用できる．糖の水酸基を保護することなしに，位置選択的に特定の水酸基とアルコールあるいは他の糖を結合させることが

できれば，大変有用な反応となる．しかし，多くの場合，"1カ所だけ"反応させることは難しく，選択性はあるものの100：0というわけにはいかない．したがって，時と場合によって有用性が異なる．

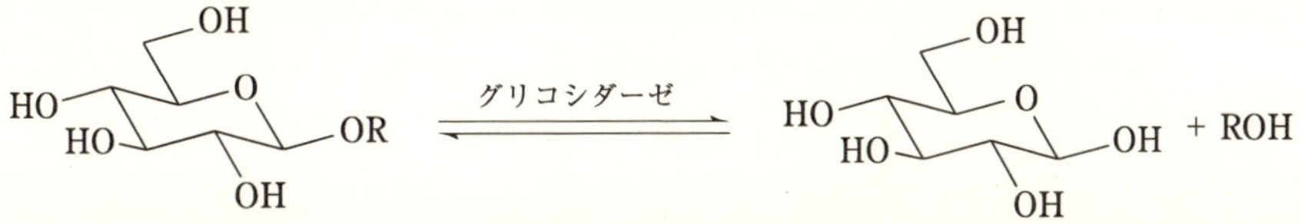

図 6.21 糖の加水分解

i. アミノアシラーゼの反応

アミノアシラーゼは N-アシルアミノ酸の脱アシル化を触媒する酵素である．カビ起源のものが市販されていて，有機試薬と同じ手軽さで利用できる．R部分が天然型アミノ酸の基でなくても，カルボキシル基が遊離であれば，反応は進行する．エナンチオ選択性は非常に高く，L型アミノ酸の誘導体のみが加水分解される．一時はL型アミノ酸の工業生産に利用されたほどである．

生成物と未反応原料では酸性がだいぶ違うので分離は容易である．また，アミノ基は立体保持で水酸基に変えることができるので，合成的にも利用されている反応である．

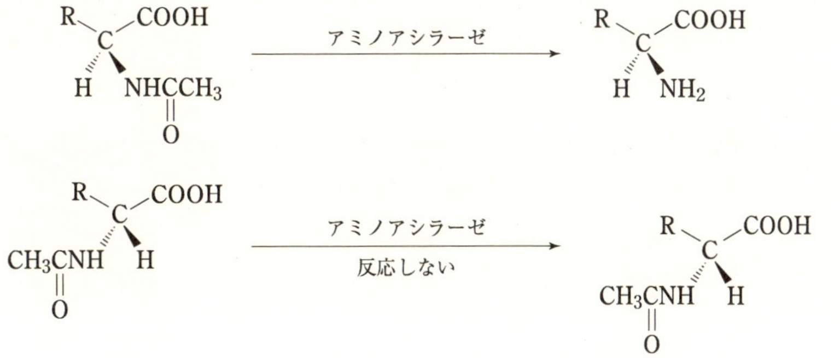

図 6.22 アミノアシラーゼによるエナンチオ選択的反応

6.4 生体触媒による酸化反応

酸化反応を行うのであるから，"酸化剤"が必要である．空気中の酸素が直接基質に作用する場合と**酸化型の補酵素**が酸化剤になる場合がある．酸化型の補酵素は図 6.23 に示すとおり NAD^+ と $NADP^+$ がある．後者ではリボースの 2' がリン酸エステルになっている点だけが両者の違いである．いずれの場合も酸化剤として作用するのはピリジニウム環で，反応後はヒドリドを受け取ってジヒドロピリジンとなる．この反応は可逆的で，還元型は電子伝達

系とよばれる一連の反応を通して，最終的には酸素によって再び酸化型に戻される．自然は一度使ったら捨てるような効率の悪いことは決してしない．

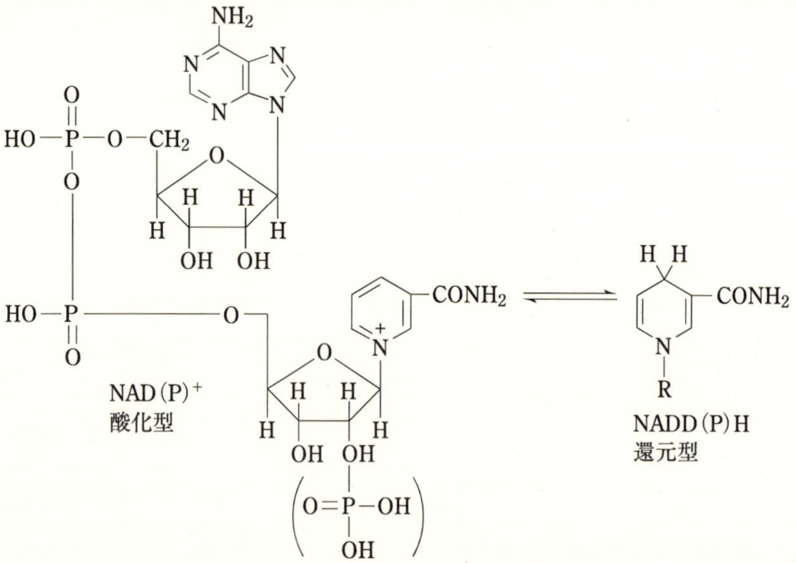

図 6.23　補酵素の酸化型と還元型

a．アルコールのカルボニル化合物への酸化反応

アルコールは**アルコールデヒドロゲナーゼ**や**オキシダーゼ**の働きで，対応するカルボニル化合物へ酸化される．sp^3 炭素が sp^2 炭素へ変換される反応なので，光学活性体の合成には向かないように思われるが，メソ体やプロキラルなジオールの一方の水酸基のみをエナンチオ選択的に酸化することができれば，光学活性体が得られることになる．

単離された酵素でもっともよく調べられているのは馬肝臓アルコール脱水素酵素（HLADH）である．この反応で一番の問題は，酸化型補酵素 NAD^+ のリサイクルである．生体内では先に述べた電子伝達系が働くが，酵素を単離して利用するときには人の知恵と工夫でこの問題を解決しなければならない．NAD^+ は大変高価なので，基質と等モルの NAD^+ を消費するのでは合成反応としては利用できない．もっとも簡便な方法はより安価な補酵素であるフラビン系補酵素で酸化する方法である．初期の頃には実際に利用されていた．代表的反応例を図 6.24 に紹介する．

図 6.24 の上の反応例ではいったんアルデヒドが生成すると，未反応の水酸基が付加してラクトールを形成する．するとこの化合物では，基質と同じ位置に水酸基を有することになるので再び酸化反応が進行し，最終生成物はラクトンになる．アルコール脱水素酵素の作用で遊離のアルデヒドが酸化されてカルボン酸ができるわけではない．プロキラル中心を有する化合物でも

6.4 生体触媒による酸化反応

図 6.24 馬肝臓アルコール脱水素酵素による不斉酸化反応

一方の水酸基のみがエナンチオ選択的に酸化されて，光学活性なヒドロキシアルデヒドが得られる．このときにはラクトールを形成するためには，4員環をまかなければならないので，実際にはひずみが大き過ぎて環化せず，生成物はアルデヒドとなる．

最近ではさらにスマートな方法が開発されてきている．還元型のNAD(P)Hがカルボニル化合物を還元して，自身は酸化型に戻ることを利用するものである（図6.25）．このとき，酵素1と2が同一であれば反応系が複雑にならずに望ましいが，異なる酵素であっても構わない．二つの酵素反応が以下の要件を満足すれば，このサイクルが円滑に回ることになる．すなわち，二つの反応速度がほぼ同じで，酸化速度は **1>4**，還元速度は **3>2**，でなければならない．さらに，3は安価で，また3および4は目的物である2と容易に分離できるものでなければならない．一例を図6.26に示す．

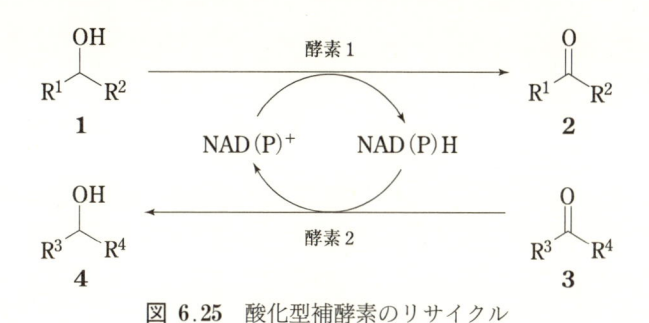

図 6.25 酸化型補酵素のリサイクル

溶媒系を水-ヘキサン二相系とし，ラクトンが他の3種類より疎水性であることを利用して，この目的物のみが有機相にくるよう工夫している．

酵素触媒によるアルコールの酸化では，エナンチオ選択的反応と並んで位置選択的酸化も重要である．糖は再生可能な化合物として，今後化学工業にとって重要な原料物質になることは間違いない．糖の構造上の特徴は，数多

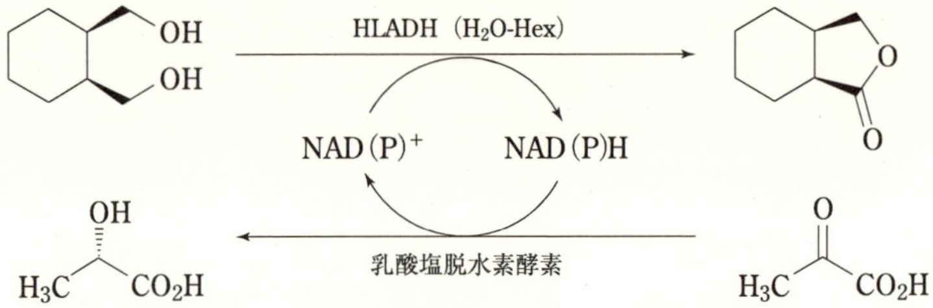

図 6.26　乳酸脱水素酵素を利用する不斉酸化反応

くの水酸基を有することである．したがって，特定の水酸基をカルボニル基へ酸化することができれば，非常に有用な反応となることは論を待たない．

しかし，立体的環境に大きな違いのない水酸基を互いに区別することは現在の有機化学的手法では極めて困難で，一般的には保護基の導入と脱離が糖の化学には必須である．このようなとき，酵素の有する分子認識能が大いにその特徴を発揮することとなる．代表的な例はビタミンCの合成である（図6.27）．

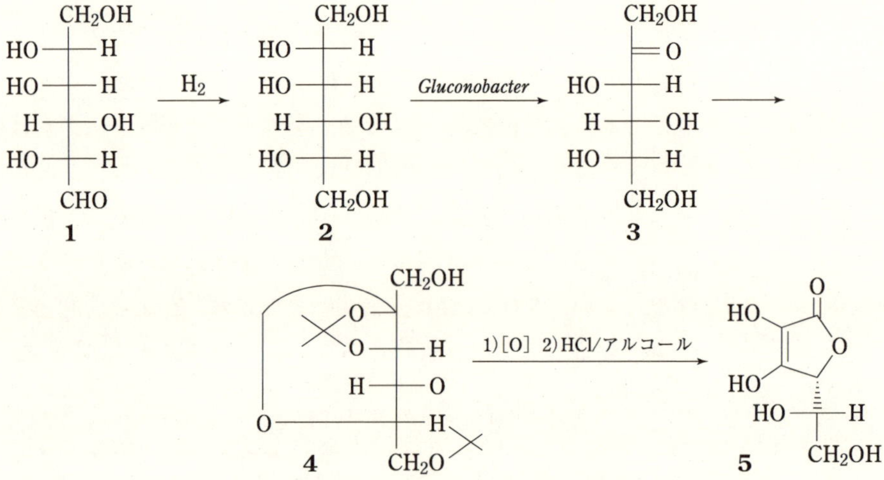

図 6.27　ビタミンC(5)の合成

グルコース (1) を還元した化合物(2)は6個の水酸基を有するが，グルコノバクターという細菌の一種は，このうちのただ一つだけを酸化してソルボース (3) を与える．この化合物からは数段の変換を経てビタミンC (5) が工業的に生産されており，プロセス全体を鍵化合物の合成にちなんで**ソルボース発酵**とよぶ．このほかにも類似の位置選択的反応は多く知られている．

b. 炭素-炭素二重結合の酸化

一時，石油タンパクという言葉が注目されたことがあった．石油を炭素源として酵母を培養し，その酵母菌体を飼料として家畜を育て，人の食用にし

ようというプロジェクトである．結局石油の価格の高騰や発がん性へのおそれなどから実現しなかったが，このような考え方が成立するということは，石油を栄養源として生育する微生物が存在することを示している．実際，近所の土を拾ってきて炭化水素を唯一の炭素源として含む培地で振盪すると微生物の生育が観察されることが多く，炭化水素を炭素源にできる微生物はそれ程珍しいものではない．

炭化水素の代謝経路でもっとも一般的なのは，図 6.28 に示した経路である．化学的な反応性とは異なり，末端の C–H が水酸化されるのが特徴である．カルボキシル基まで酸化されると，補酵素 A が導入される．続いて，α, β 位が脱水素され不飽和結合となる．これに水がマイケル付加して，β-ヒドロキシ酸が生成する．カルボキシル基の β 位が酸化された形になっているので，この代謝経路を **β 酸化経路** とよぶ．ヒドロキシ酸は続いてケト酸に酸化され，補酵素 A が求核的にカルボニル基を攻撃して C–C 結合が切断されると，生成するのはアセチル補酵素 A と出発物質より炭素が 2 個少なくなったカルボン酸である．このカルボン酸は再び β 酸化経路をたどるので最終的に長鎖カルボン酸はすべて酢酸ユニットに分解されることになる．

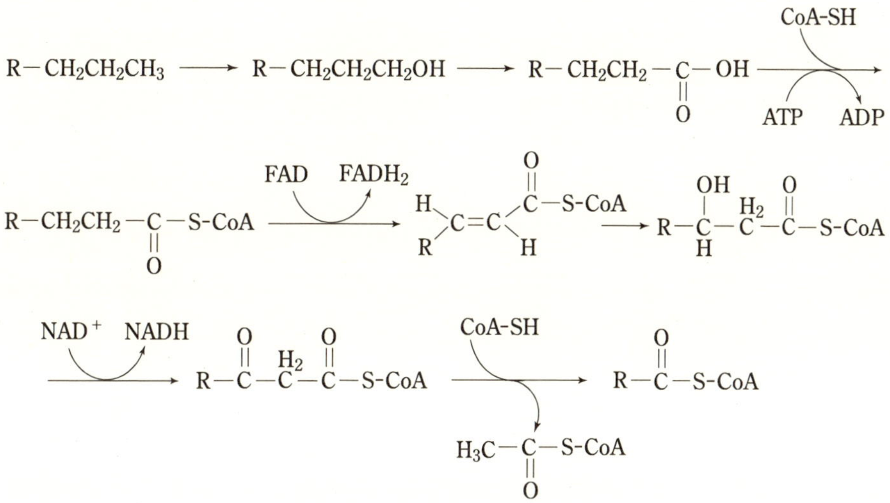

図 6.28 炭化水素の β 酸化経路

炭化水素が末端アルケンのときには，メチル基を水酸化する同じ酵素の働きで，エポキシドが生成する．これが光学活性体であることが多く，有機化学的にも有用である．エポキシ化反応は一連の代謝反応の最初のステップである（図 6.29）．したがって菌体を使って反応を行う場合には引き続く代謝分解をいかに抑えて，目的物の収率を上げるかが，大きな問題である．ジオールへの反応を触媒する酵素が欠損している変異株を使うこともある．

酵素を単離するか，そこまでしなくても生育した菌体を遠心分離で集め，

図 6.29　末端アルケンの代謝経路

炭素源や窒素源を含まない緩衝液中で反応を行うこともある．このようにすると代謝反応が全体として進まなくなるので，目的物の分解が起こり難く，収率の向上につながることがある．ただし，このときは補酵素のリサイクルのための工夫が必要である．エポキシ化反応は酸化反応なので，酸化型の補酵素が必要かというと，予想に反して還元型が必要なのである．エポキシ化反応を触媒するのは酸素添加酵素のうち基質に酸素を1原子導入する**モノオキシゲナーゼ**である．酸化剤は基質1モルに対して酸素分子1モルである．そのため，余分な酸素原子1個の受け取り手が必要でこの役割を担うのが還元型の補酵素である．したがって，エポキシ化反応を効率よく行うためには，この反応で生成する酸化型補酵素を還元型に戻してやらなければならない．

この目的のための成功例の一つはグルコース酸化酵素を使い，グルコースを還元剤とする方法である（図6.30）．グルコースも酸化成績体であるグルコノラクトンも菌に対する毒性はなく，水溶性であるから目的物との分離も容易である．

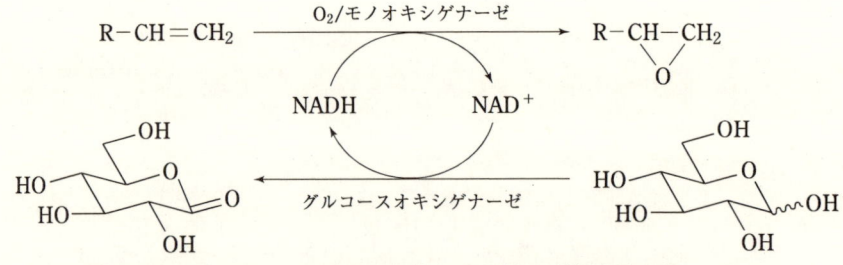

図 6.30　グルコースを電子供与体とする還元型補酵素のリサイクル

微生物によってエポキシ化されるアルケンの多くは鎖状の末端アルケンであるが，図6.31の (a) に示すようにエキソメチレンも酸化されることがある．また，直鎖状の炭化水素だけでなく，ベンゼン環を含むものも基質となる．(b) や (c) の例では，酵素にとって酸素原子はメチレンと同じように認識されていると推定される．

特別な例としては，ホスホン酸誘導体のエポキシ化が知られている（図6.32）．この反応で得られる光学活性エポキシドはホスホノマイシンという名前で抗生物質として市販されているものである．

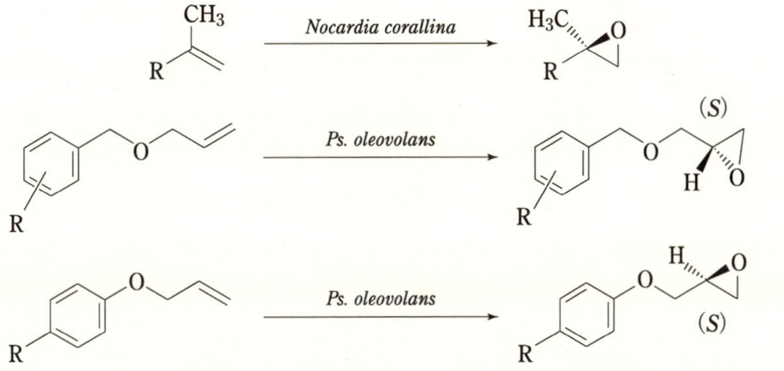

6.4 生体触媒による酸化反応

図 6.31 微生物による不斉エポキシ化反応

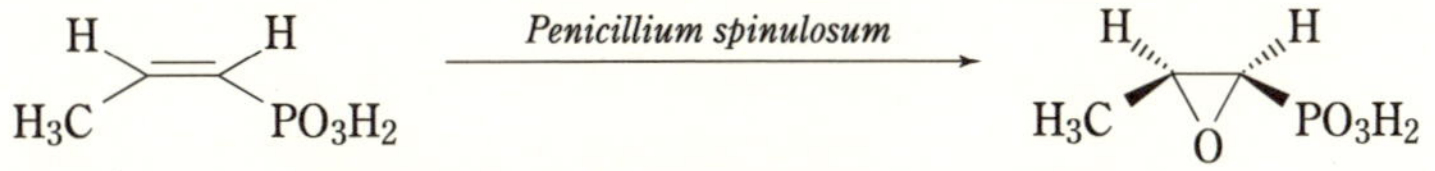

図 6.32 ホスホン酸誘導体のエポキシ化

c．C−H 結合の酸化

　　先の図 6.28 に示した反応では，反応機構は異なるが，見かけ上 C−H 結合が C−OH 結合に変換されている反応が 2 種類含まれている．炭化水素の酸化の最初のモノオキシゲナーゼによる反応と，カルボン酸の β 位に水酸基が導入される反応である．C−H 結合の活性化は有機化学的にも重要で，様々な工夫が行われているが，難しい反応で成功例は必ずしも多くない．単なる酸化ではなく，そこに何らかの選択性が求められると反応の難易度はさらに高くなる．微生物を利用する水酸化反応でもモノオキシゲナーゼに触媒される反応のエナンチオ選択性は，常に高いとは限らないし，同一分子内のいくつかの位置が水酸化されることも珍しくはない．

　　水酸化反応で有名な成功例は，20 世紀半ばの**ステロイドの水酸化**（図 6.33）であろう．カビの一種を使うと何の手がかりもないプロゲステロンの 11 位に立体選択的に 1 段階で水酸基を導入することが可能である．合成化学的には 20 段階以上の反応が必要であったことと比べると違いは大きく，酵素反応の有用性が驚嘆の眼をもって認識された反応である．これをきっかけにステロイドの酸化反応は盛んに研究され，今では，どの菌を使うとどの位

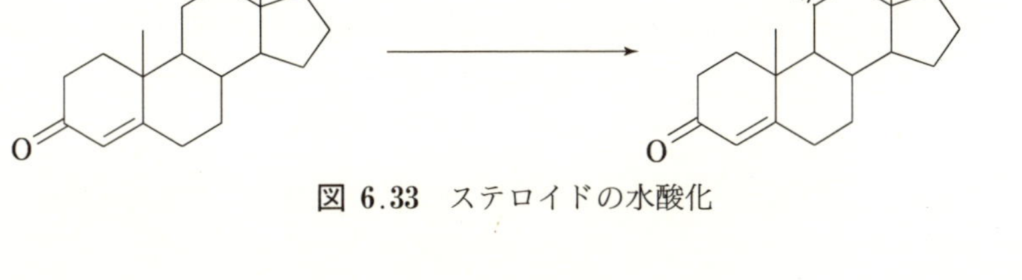

図 6.33 ステロイドの水酸化

置の酸化や還元がどのような立体選択性で進行するか，膨大な知見が蓄積されている．ステロイドは"天然化合物"であるという認識があったせいか，この成果がそれ以後の合成化合物の酵素による変換の研究へと直接にはつながっていない点は，研究の発展の流れとして面白いことである．

モノオキシゲナーゼによる反応を図6.34に示した．(a) の反応生成物は，光学的に純粋で非常にうまくいっている例である．(b) の反応の基質は**リポキシゲナーゼ**の天然型の基質である．炭素数20個の不飽和カルボン酸はいわば生体内の酸素のトラップ剤で，過剰の活性酸素が細胞に障害を与えないように，自身が酸化されて，ヒドロペルオキシドとなる．図6.34からわかるように化学的にも活性な位置であるアリル位（二重結合の隣接位）が酸化される．この反応のエナンチオ選択性は一般に高い．

図6.34 (c) の反応は本来の基質の炭素鎖の部分をエステル結合でつないで，ミミックしたものである．この基質でも反応は円滑に進行する．ただし，生成物はカルボキシル基とは反対側の末端のRに左右されて2種類の位置異性体となる．反応の開始ステップは明らかに二重結合で挟まれたメチレンからの水素の引き抜きであり，遊離基反応であると推定される．二重結合が共役できる位置に異性化するときにどちらにラジカル中心が移るかが，Rの構造に依存するわけである．詳しい機構を解明し，この異性体比に納得でき

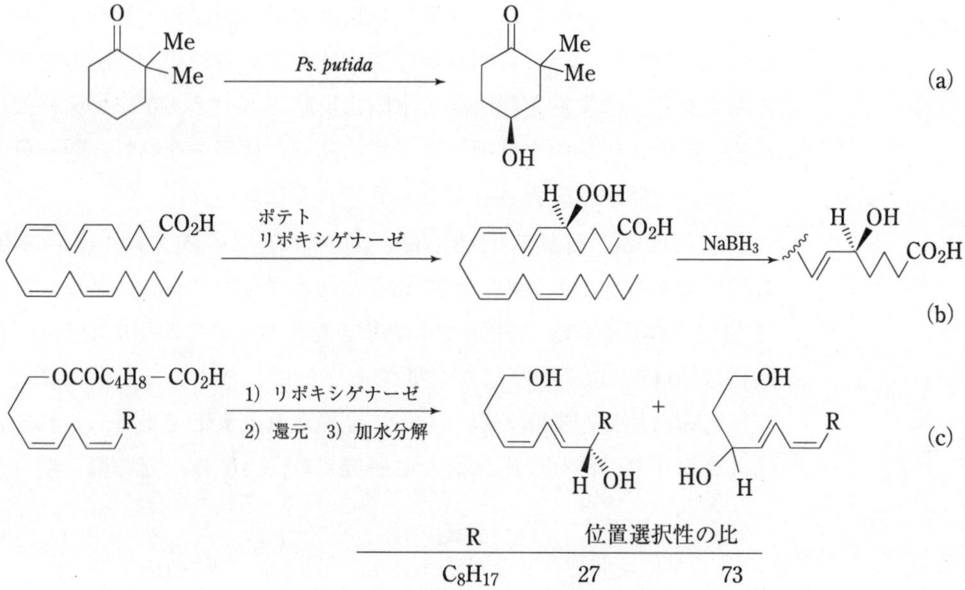

R	位置選択性の比	
C_8H_{17}	27	73
C_5H_{11}	87	13
Ph〜 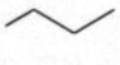	77	23
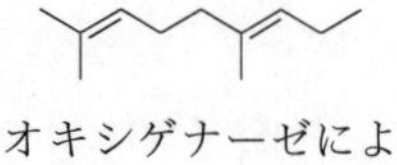 （プレニル構造）	1	99

図6.34 モノオキシゲナーゼによる不飽和カルボン酸の水酸化

6.4 生体触媒による酸化反応

る説明をつけるのは，困難であろう．

β酸化経路の利用による水酸化反応は，その反応機構からも容易に想像できるように，位置選択性は一義的に決まる．現在もっとも広く利用されている代表的な反応はイソ酪酸の水酸化であろう．用いる微生物を変えることにより，どちらのエナンチオマーも入手可能である．図6.35(b) の生成物は工業生産されており，医薬品の原料としてだけでなく，様々な光学活性体の出発物質としても広く利用されている．中間体がメタクリル酸であることも確かめられている．メタクリル酸を出発物質としてもまったく同じ生成物が得られる．水酸化物イオンが二重結合に付加した後，カルボキシル基の α 位にプロトンが結合するときに生成物の立体配置が決まることになる．エノールエステルの加水分解の項（6.3節e項）でも述べたように，水溶液中の反応でありながら，プロトンの付加が高いエナンチオ選択性で進行する酵素触媒独特の反応例であるといえる．

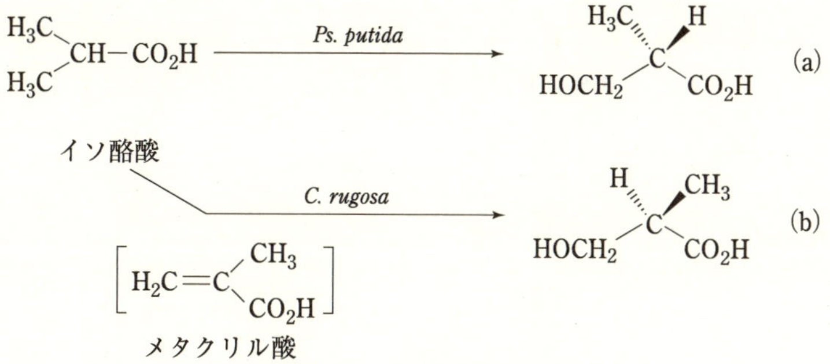

図 6.35 イソ酪酸の水酸化

d. スルフィドの酸化

エーテルに対応する硫黄化合物がスルフィドである．硫黄は周期律表で酸素の下にある元素であるが，空のd軌道を有するため原子価拡大が可能で，スルホキシドやスルホンを形成し得る．これらの立体配置は炭素と同じように正四面体構造である．このうち，非対称のスルホキシドは孤立電子対と酸素が"異なる置換基"であるので，不斉中心となる．酸性条件下では反転しやすいが，中性や塩基性条件下では熱的にも安定なので，スルホキシドは光学活性体として存在し得る．C-Hや二重結合の酸化を触媒するモノオキシゲナーゼはスルフィドを酸化するので，微生物酸化によって光学活性スルホキシドを得ることができる．

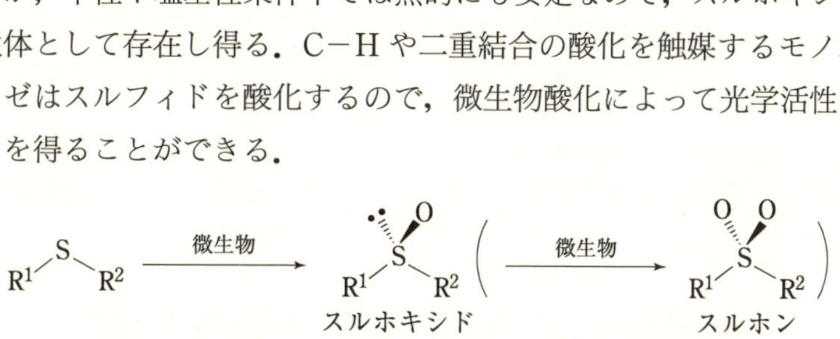

図 6.36 微生物による光学活性スルホキシドの合成

生成物のスルホキシドはさらにスルホンまで酸化されることもあるが，炭素化合物と違って代謝分解されることはないので，多くの場合増殖菌体を使う反応でも高収率で目的物が得られる．R^1, R^2 の一方がベンゼン環，他方がアルキル基のときに高い光学純度の生成物が得られる（図 6.36）．

【発展】 ベンゼン環の酸化

トルエンを過マンガン酸カリウムで酸化すると安息香酸が得られることから明らかなように，アルキル基に比べるとベンゼン環は極めて安定である．しかし，このベンゼンですらある種の微生物にかかると代謝分解されてしまう．

典型的な代謝経路は，カテコールを経てムコン酸に至る経路である．ムコン酸からは二重結合の酸化などを経てさらに代謝分解されるのは，さほど驚くにあたらないが，カテコールの生成や酸化開裂は化学的に実現することは極めて難しい．カテコール生成の直前の段階を触媒する酵素が欠損している人工的な変異株を作成すると，図 6.37 (a) に示したジオールが生成物として得られる．純粋なシス体である．無置換のベンゼンから得られるものはメソ体になってしまうが，一置換ベンゼンからは光学活性体が得られる．その位置選択性，エナンチオ選択性は極めて高く，事実上光学的に純粋な化合物が生成する（図 6.37 (b)）．とくに注目すべきは R がビニル基やアルキニル基のときで，側鎖の不飽和結合が酸化されずにベンゼン環が酸化されている．化学的反応性でいえば，あり得ない反応である．

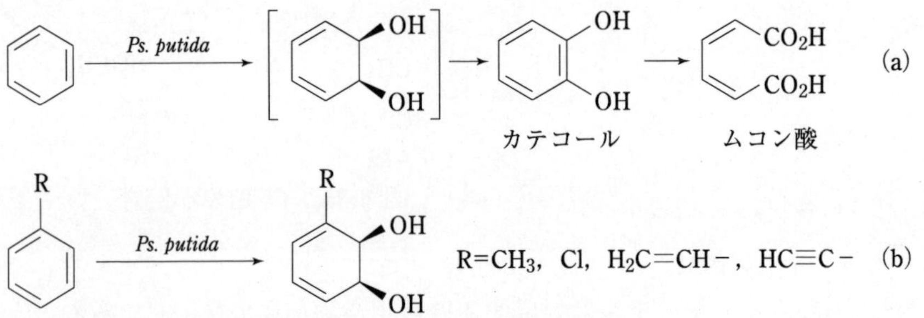

図 6.37 ベンゼン環の酸化

【発展】 デラセミ化反応

デラセミ化反応とは，出発物質と生成物の構造はまったく同じでありながら，出発物質がラセミ体であるのに対し，生成物が光学活性体であるという，極めて巧妙な反応のことである．先に述べた速度論的光学分割では，収率が最大 50％ にしかならないし，その短所を克服した動的光学分割では，初めと終わりの化合物の構造が異なる．デラセミ化反応では，見かけ上反応していないがごとくみえるにもかかわらず，理論的には収率 100％ でラセミ体が光学活性体になっているという点が特徴である．

反応機構の面からはいくつか異なるタイプの反応が知られている．ここでは本章のテーマに関連して，酸化還元反応を含む例を紹介しよう．

ラセミ体ジオールをある種の酵母とインキュベートするとほぼ純粋な S 体が定量的に得られた．収率から判断して，R 体が選択的に代謝分解された可能性は否定される．反応機構（図 6.38）を調べると以下のことが明らかとなった．

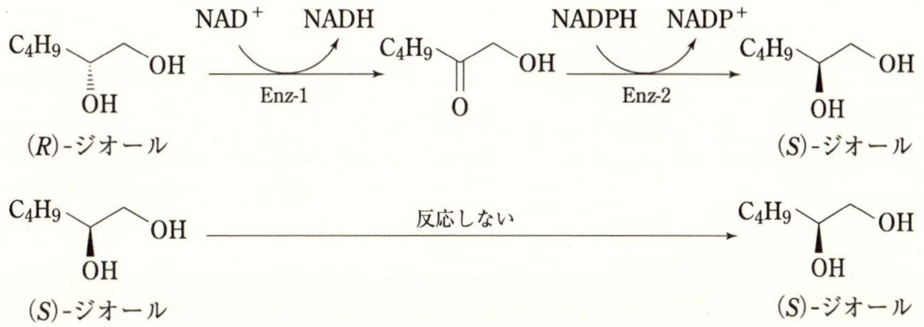

6.5 生体触媒による還元反応

図 6.38 ラセミ体ジオールのデラセミ化反応

ラセミ体ジオールのうち，R体の第二級水酸基だけが Enz-1 によって酸化されて対応するケトンとなる．この反応は可逆的である．次にこのケトンは別の酵素 Enz-2 で還元されて再びジオールになるが，この第二の酵素のエナンチオ選択性は初めのものと逆で，生成するアルコールの立体配置は S となる．この反応は事実上非可逆なので，結果的に R 体はすべて S 体に変換される．Enz-1 は S 体には作用しないので，初めに存在する S 体はそのままである．

結局ラセミ体が定量的に S 体に変換されることになる．わかってしまえば"なんだ，そんな簡単なことか"ということになるかも知れないが，酵素反応の組合せで特徴的な変換反応が可能となる．

6.5 生体触媒による還元反応

還元反応の場合には，当然"還元剤"が必要である．この役割を果たすのは，酸化反応のところで述べた還元型補酵素である NAD(P)H である．微生物菌体を使って還元するときは，補酵素のリサイクルについてとくに工夫する必要はない．微生物細胞の酸化還元系が培地中に加えた適当なエネルギー源（グルコースやエタノール）を利用して必要な還元型補酵素を再生してくれる．単離した酵素を使うときには，補酵素の還元型を再生しなければならない．この問題については，あとで触れることとする．

a．パン酵母によるケトンの還元

パン酵母という名前で売られている酵母の学名は *Saccharomyces cerevissiae* とよばれ，ビールやワインをつくるときに使われている酵母と同じである．酵母は解糖系でつくられたピルビン酸を脱炭酸してアセトアルデヒドとし，これを還元してエタノールとする（図 6.39）．ここで生ずる二酸化炭素がパンを膨らませるのに利用され，アセトアルデヒドの還元を触媒する酵素が様々なケトンをも還元し，光学活性アルコールを生成するのである．

ここで，酵素の立体構造の "flexibility" について触れておきたい．アセトアルデヒド還元の立体化学と合成基質還元の関係について面白いことがいえる．

$$\underset{\text{グルコース}}{\begin{matrix}H-C=O\\H-C-OH\\HO-C-H\\H-C-OH\\H-C-OH\\CH_2OH\end{matrix}} \rightleftarrows \underset{\text{ピルビン酸}}{\begin{matrix}CO_2H\\C=O\\CH_3\end{matrix}} \xrightarrow{-CO_2} \underset{\text{アセトアルデヒド}}{\begin{matrix}H\\C=O\\CH_3\end{matrix}} \rightarrow \underset{\text{エタノール}}{\begin{matrix}OH\\H-C-H\\CH_3\end{matrix}}$$

図 6.39 酵母によるアルコール発酵

エタノールは不斉炭素をもたない化合物であるから，アセトアルデヒドのカルボニル基の面のどちらから水素が入ってきても生成物の構造にとってまったく影響がない．ところが重水素を有するアセトアルデヒドを基質として反応の立体化学を調べると，なんと光学活性なモノジューテリオエタノールが生成することがわかった．また，この光学活性なモノジューテリオエタノールを使って酸化型 $NADP^+$ を還元すると重水素は補酵素にまったく導入されず，もっぱら水素のみが移動し，重水素含有率100％のアセトアルデヒドが回収されることが明らかとなった（図6.40）．

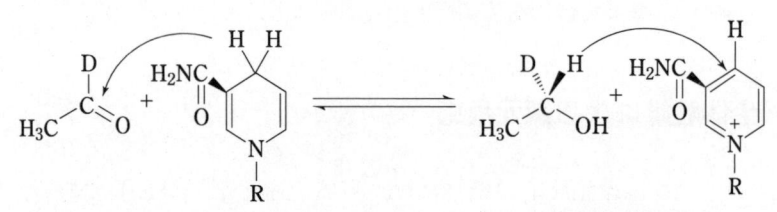

図 6.40 酵母によるアセトアルデヒドの還元の立体化学

このことは以下のように考えると説明できる．

補酵素が酵素に結合する部位はきちんと決まっている．したがって"水素陰イオン"がくる方向は決まっている．そのような状況で光学活性なエタノールができるということは，アセトアルデヒドはある一定のコンホメーションで酵素の活性部位に結合していることを意味する．さらにいえば，水素とメチル基が結合するポケットはきちんと決まっていなければならない．水素とメチル基は立体的大きさで区別するよりほかないだろうから，水素の結合部位はメチル基すらもぐり込めない程小さいということになる．するとパン酵母の酵素を利用してケトンを還元することは諦めなければならないことになるが，実際にはそんなことはない．

"基質特異性"という言葉は意味をもつのだろうかと思うくらい実に多くのケトンがパン酵母によって還元され，光学活性アルコールを与える．この反応の立体化学を経験的に推定する方法があって**Prelog則**という（図6.41）．

6.5 生体触媒による還元反応

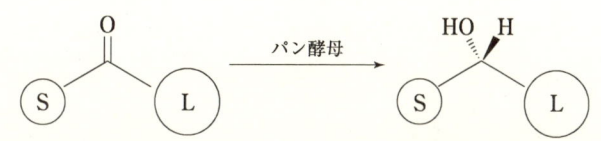

図 6.41 酵母によるケトンの還元の立体化学（Prelog 則）

図 6.41 の L は large，S は small を意味し，置換基の立体的かさ高さである．図 6.41 のように基質を描いたとき，水素は紙面の上からカルボニル炭素に付加するというのが，この経験則である．多くの場合，生成物の立体配置は S となる．経験則が提案されるということも，多くの化合物が還元されるということの裏返しであるといえる．

パン酵母による還元の実験操作は非常に簡単で，基質とグルコースあるいはショ糖，それにパン酵母を適当量水に加えて室温で数時間から 1 日程度撹拌するだけである．パン酵母を沪過で除いて，有機溶媒で抽出すれば，目的の光学活性アルコールが得られる．光学収率 90～100％で進行する代表例のいくつかを図 6.42 に紹介しておく．

図 6.42 パン酵母による各種ケトンの不斉還元

b. 炭素-炭素二重結合の還元

パン酵母は"ヒドリド"に近い化学種による還元であると考えて差し支えないが，そのことから予想できるように，電子求引性基が結合したオレフィンをも還元できる．図 6.43 (a)(b) では二重結合に電子求引性基が結合しているわけではないが，水酸基がいったん酵素の作用で酸化され，続いて C＝

C結合が還元されるものと考えられる．次にカルボニル基が還元されて再び水酸基になったのが最終生成物である．(a)の反応では，水酸基のα位の2個のDのうち1個がエナンチオ選択的にHに変化しているのが何よりの証拠である．(c)の反応では，出発物質の幾何異性にしたがって，生成物の立体配置が逆転している．酵素による分子認識の一端を示す興味深い例であるといえる．

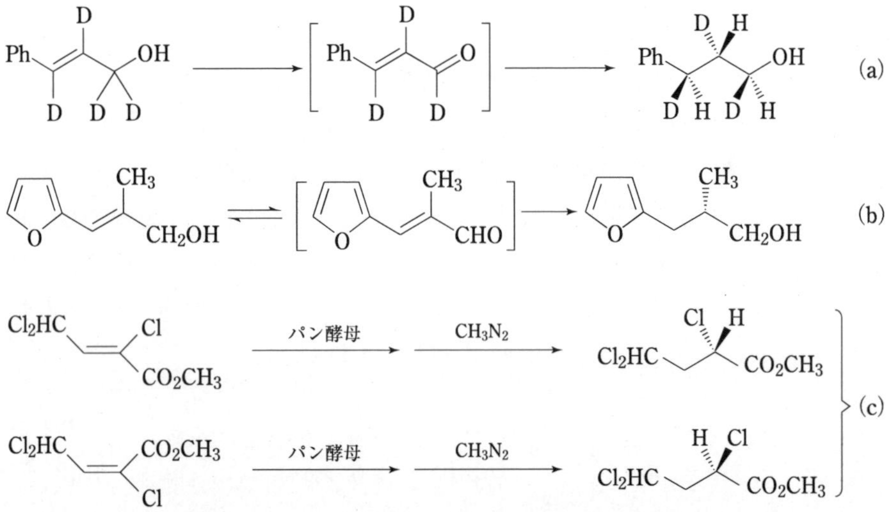

図 6.43 パン酵母による炭素-炭素二重結合の還元

【発展】 還元型補酵素のリサイクル

　パン酵母以外にもいくつかの微生物がカルボニル基の還元に使われている．パン酵母では選択性が低い化合物や逆のエナンチオマーが欲しい場合など，様々な場合が考えられる．このようなとき効率をあげるために，その菌体が有する還元型補酵素のリサイクル系以外の系を組み合わせたいことも珍しくない．そのとき利用されるのは，先に紹介したグルコース脱水素酵素以外では，以下のような反応である．図6.44 (a)の基質は目的の還元反応を触媒する酵素だけで，補酵素をリサイクルしたいときに使われている例である．(b)，(c)の二つはよく研究されている酵素で，目的の反応とは別に補酵素のリサイクルのために組み合わせて用いられる代表例である．とくにギ酸脱水素酵素は，生成物が二酸化炭素だけで後の分離の手間がないのでよく使われている．

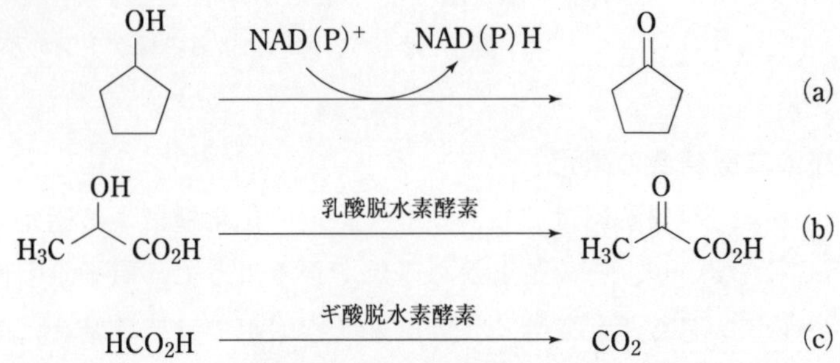

図 6.44 還元型補酵素の再生

c. アミノ酸とケト酸の相互変換

α-ケト酸は多くのアミノ酸の前駆物質である．この変換反応には大きく分けて重要な二つのルートがある．一つは，アンモニア存在下の補酵素による還元反応である（図 6.45）．

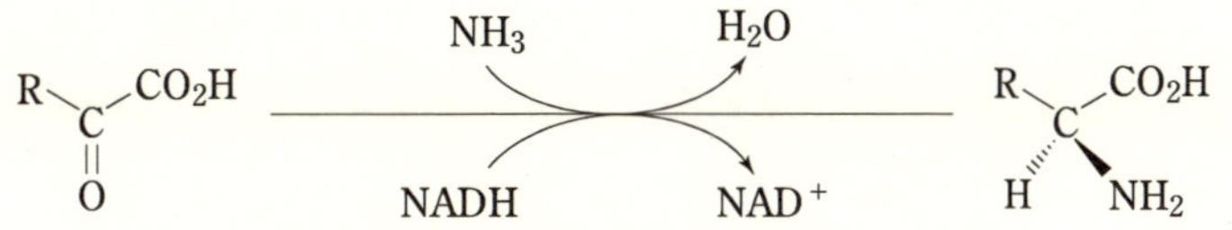

図 6.45 α-ケト酸の還元的アミノ化反応

もう一つは他のアミノ酸（主としてグルタミン酸）との間のアミノ基転移反応である（図 6.46 (a)）．この場合には両者の間を取りもつ仲介役としてピリドキサールリン酸という補酵素（ビタミン B_6）が必要である．ピリドキサールリン酸の還元型であるピリドキサミンがケト酸と反応すると，ケト酸はアミノ酸に還元され，ピリドキサミンの方は酸化されてアルデヒド型となる．この酸化型とグルタミン酸が反応し，今度は逆にアミノ酸が酸化されてケト型となり，補酵素の方は還元されて再びアミン型に戻る．この反応が繰り返されれば補酵素の濃度は変化せず，実質的還元剤はグルタミン酸ということになる．補酵素を介しての酸化還元は図 6.46 (b) に示す水素の 1,3-シフトという簡単な反応がその種明かしである．この反応がエナンチオ選択的なので，生成するアミノ酸は S 体（L）で，光学的に純粋である．

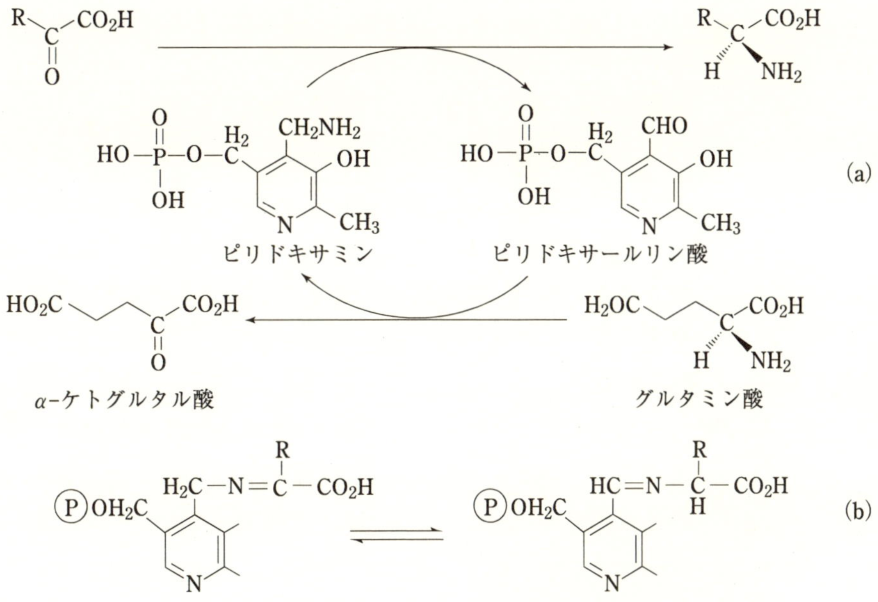

図 6.46 アミノ基転移反応

【例題 6.1】 光学活性なヒドロキシイソ酪酸を生体触媒反応で合成する方法を示せ．タイプの異なる反応で，可能なものをできるだけ多く示せ．

[解答] 不斉炭素に結合しているリガンドが水素以外はすべて C1 で，酸化度が異なること，水酸基やカルボキシ基は加水分解反応による光学分割に利用できることなどを考慮する．化学的に無理のない反応に酵素が有する立体選択性を期待すれば図 6.47 のような解答となる．実際に工業生産に利用されているのは(1)の反応である．

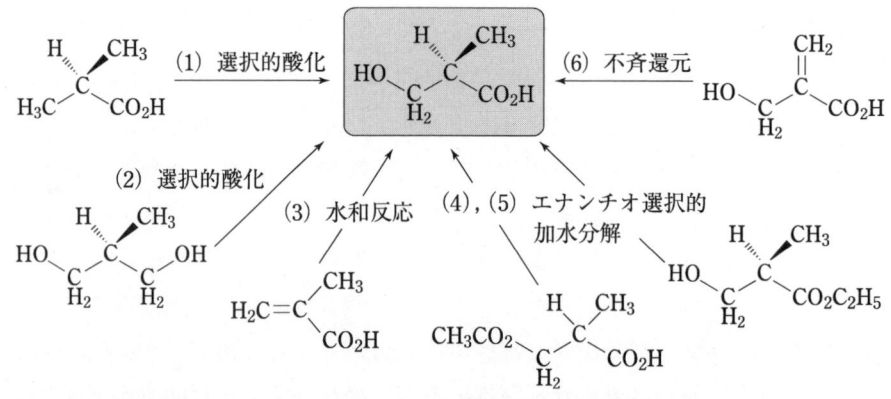

図 6.47 光学活性ヒドロキシイソ酪酸の生体触媒反応による合成法

6.6 生体触媒による C–C 結合の生成反応

C–C 結合を形成するためには，炭素陰イオン（カルボアニオン）等価体をつくらなければならない．いかにして効率よくやるかは，有機合成化学の大きなテーマの一つであるといっても過言ではない．この大きな問題を，生体内という水溶液中で実現し，しかも立体選択的に生成物を与えることは容易でない．自然はこの問題に対して大きく分けて五つの解答を用意している．アルドール反応，イソプレノイドの合成にみられる S_N2 型の反応，シアン化物イオンの利用，脱炭酸反応を伴うカルバニオン等価体の生成，そして脂肪酸合成などにみられる Claisen 縮合型の反応である．

a．アルドール反応

生体内でもっとも多くみられる C–C 結合生成反応はアルドール型の反応であろう．有機化学的にも立体選択性を無視すれば，温和な条件下で起こり得る反応である．グルコースからの解糖系では，フルクトース-1,6-二リン酸からグリセルアルデヒド-3-リン酸とジヒドロキシアセトンリン酸が生成するが，これはレトロアルドール反応である（図 6.48）．この反応は可逆反応であって，同じ酵素によって C–C 結合生成反応も触媒される．

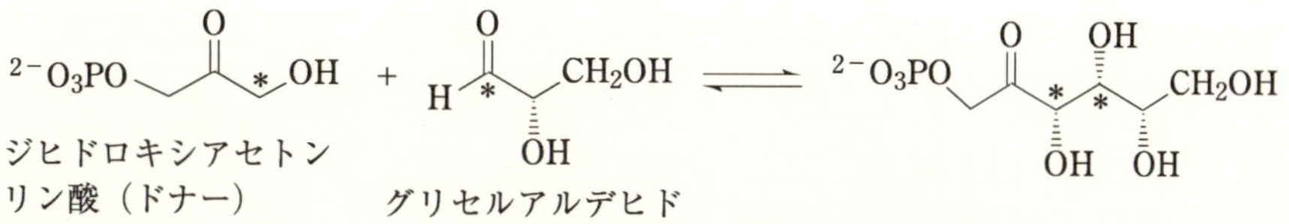

6.6 生体触媒によるC−C結合の生成反応

図 6.48 酵素によるアルドール反応

この反応でカルボアニオン等価体として反応するのはジヒドロキシアセトンリン酸で，アルドール反応では**ドナー**（donor）とよぶ．一方，炭素陽イオン（カルボカチオン）等価体となるのはグリセルアルデヒドで，こちらは**アクセプター**（acceptor）である．この反応では新たに2個の不斉中心が生ずるが，この立体配置はきちんと制御される．すなわち4種の可能な立体異性体のうち，ただ1種類しか生成しない．酵母の**アルドラーゼ**を使えば，図6.48に示したようになるが，起源の異なるものを使い分けることによって，望みの立体異性体を得ることができる．

このようにこの反応は非常に有用であるが，本質的に平衡反応なので生成物の収率を向上させようとすると，基質の一方を過剰に用いる以外に現在のところ適当な方法は知られていない．また，有機合成反応としてみたときの決定的弱点は，基質特異性の厳しさである．アクセプター側は式に示したアルデヒド以外でも多少のバリエーションは可能であるが，ドナー側はこのタイプのアルドラーゼではジヒドロキシアセトンリン酸に限られる．

ほかのタイプのアルドラーゼとして知られているのは，ピルビン酸またはそのエノラートのリン酸エステルをドナーとするもの（図6.49 (a)）およびアセトアルデヒドをドナーとするものである（図6.49 (b)）．いずれもアクセプターについては多少選択の余地があるのは共通である．

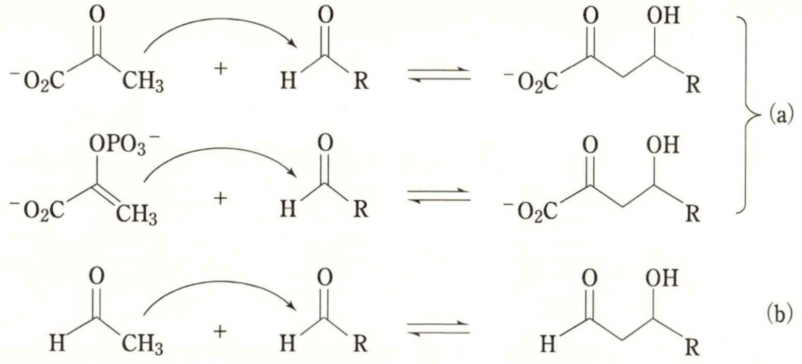

図 6.49 各種アルドラーゼの反応

b. イソプレノイドの合成

イソプレノイドとは炭素5個のイソプレンが単位となって，それがいくつか連結してできた形の天然化合物である．炭素10個の化合物群がモノテル

ペン，20のものがジテルペンである．これらの化合物の生合成の単位になるのはイソプレノールで，実際にはそのピロリン酸エステルが使われる．C–C結合生成反応は，二重結合の π 電子による S_N2 タイプの反応である．求核反応剤は決して活性なものではない．これを補う意味で脱離基はピロリン酸アニオンという非常に脱離能の優れたものとなっている（図 6.50）．

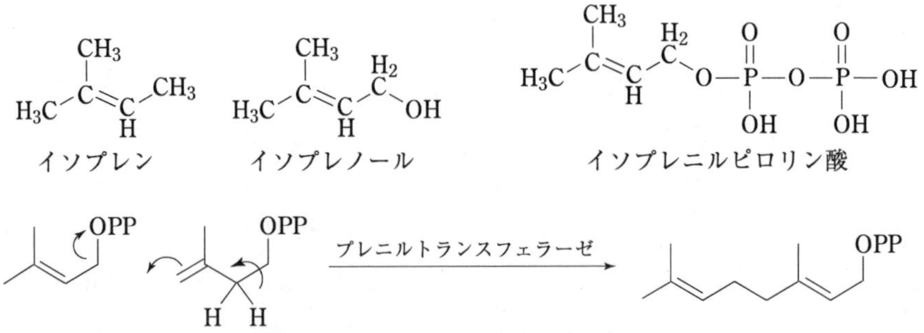

図 6.50 イソプレノイドの合成反応

生成物の C_{10} 化合物は，原料の S_N2 反応を受ける化合物とまったく同じ骨格になっていて，そのままの形で次の炭素鎖延長反応の基質となるようにデザインされている．この反応も基質特異性は厳しいが，イソプレノイドの生合成研究に必要な化合物の合成を目的として，いくつかの非天然型基質の変換に利用されている．

c．シアノヒドリンの合成

シアン化物イオンは水溶液中でもアニオンとして存在し得る唯一の炭素アニオンであろう．しかもこのアニオンは加水分解によってカルボキシル基に変換できる．こうなると今度はカルボカチオンとしての反応性を有することになる（図 6.51）．

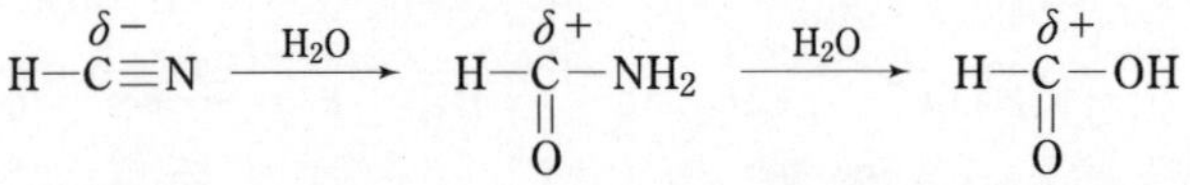

図 6.51 シアン化水素の加水分解生成物と炭素の極性

こんな便利な官能基を自然が利用しないわけはない．有機化学的に広く利用されているのはカルボニル化合物との反応でシアノヒドリンを創製する反応である．酵素は主として植物起源で入手できる**オキシニトリラーゼ**（oxynitrilase）である．現在知られているものでは R のシアノヒドリンを与えるものが多いが，S を生成するものもないわけではない．シアノヒドリンは pH によってはもとのカルボニル化合物に戻りやすい化合物であるが，酸性で加水分解して対応するヒドロキシ酸へその光学純度を損なうことなく

6.6 生体触媒によるC–C結合の生成反応

変換することができる（図6.52）．

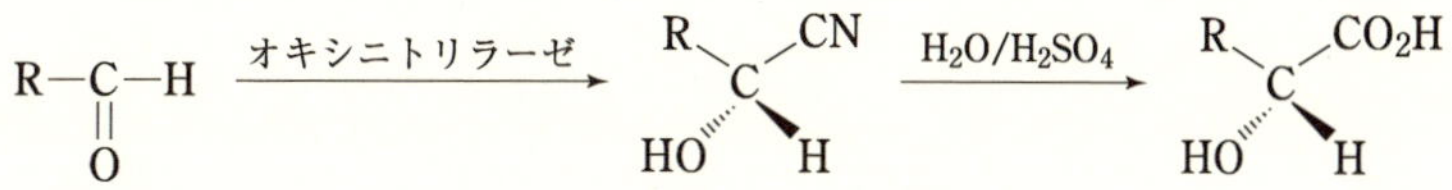

$$R-\underset{O}{\underset{\|}{C}}-H \xrightarrow{\text{オキシニトリラーゼ}} R-\underset{HO}{\overset{CN}{\underset{|}{C}}}-H \xrightarrow{H_2O/H_2SO_4} R-\underset{HO}{\overset{CO_2H}{\underset{|}{C}}}-H$$

図 6.52 オキシニトリラーゼによる光学活性シアノヒドリンの合成

【発展】 ピルビン酸脱炭酸酵素によるC–C結合生成反応

章のはじめにC–C結合生成反応は四つのタイプに分類することができると述べた．四つ目は反応機構的に難しいので，発展として紹介することにする．

図6.53の上の2行の反応式は酵母のアルコール発酵の最後の段階であるピルビン酸の脱炭酸の機構である．この反応には**チアミンピロリン酸**（thiamine pyrophosphate；TPP）という補酵素が関与する．この補酵素の活性に関与する部分だけを描いたのが化合物**1**である．硫黄とN^+に挟まれているので，図に示したカルボアニオンは非常に安定で，水溶液中でも発生し得る．これがピルビン酸と反応して，C–C結合が生じ，プロトンがカルボキシル基から移動すると**2**となる．電子がN^+の方へ流れ得るので**2**は非常に脱炭酸しやすく，**3a**を生ずる．エナミンの骨格を有するので，N上の孤立電子対は二重結合のπ電子と共鳴して，極限構造式**3b**の寄与が考えられる．ここへプロトンが付加して，水酸基からの電子の押し込みでC–C結合が切れるとアセトアルデヒドが生成し，TPPも再生する．これでピルビン酸の脱炭酸反応は完了である．注目すべきことは，

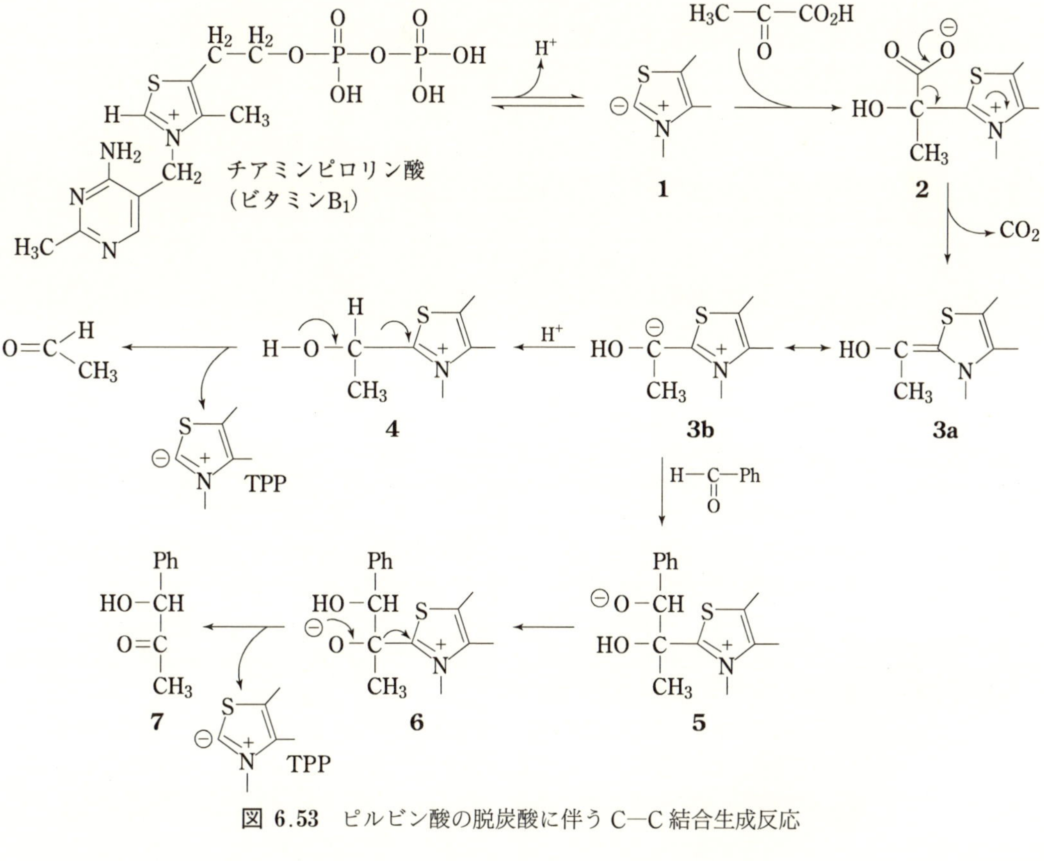

図 6.53 ピルビン酸の脱炭酸に伴うC–C結合生成反応

最終的にアセトアルデヒドのカルボニル炭素になるべき炭素が，**4**を生成する段階ではカルボアニオンとして反応していることである．これが第四の酵素によるカルボアニオン等価体の創製である．

トランスケトラーゼという酵素でも**3a**, **3b**の生成までは同じように進行するが，このカルボアニオンに対してプロトンではなく，アルデヒドを付加させる反応を進行させ，**5**を生成する．**5**からはプロトンの移動で**6**が生成する．ここからはアセトアルデヒドの生成のときと同じように，脱プロトン化した水酸基から電子が押し込まれてC−C結合の切断を伴ってアシロイン誘導体**7**が生成し，TPPが再生する．ピルビン酸のカルボニル基がベンズアルデヒドに移っているので，トランスケトラーゼという名前でよばれている．水溶液中でカルボアニオンがプロトン化されず，わずかに共存するアルデヒドへ求核付加するというのだから，いかにも酵素らしい特徴的反応であるといえる．

【発展】 脂肪酸の生合成とマロン酸の脱炭酸反応

長鎖脂肪酸は微生物にとっては細胞膜の構成成分として非常に重要な化合物である．したがって，糖が栄養分であるときには，そこから得られる酢酸を使って合成しなければならない．酢酸から長鎖脂肪酸の合成であるから，当然C−C結合生成反応が必要である．

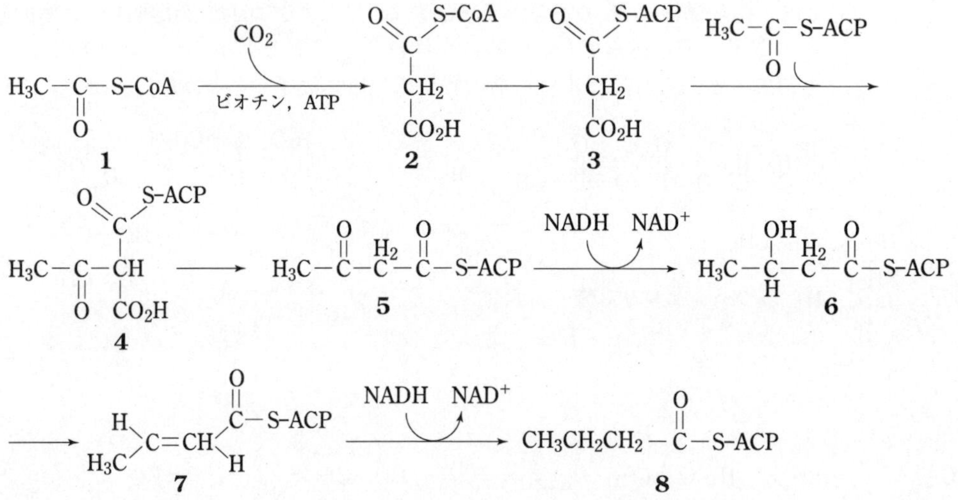

図 6.54 長鎖脂肪酸の生合成

ACP＝アシルキャリヤータンパク質

アセチル補酵素A(**1**)に対してビオチンとATPの作用で炭酸が導入され，マロニル補酵素A(**2**)が生成する．酢酸のメチル基が有機化学でいう活性メチレンに誘導されたことになり，プロトンの酸性は強くなる．そこでアニオン（あるいはその等価体）が生成し，もう1分子の酢酸のチオールエステルのカルボニル基を求核攻撃する．するとチオラートアニオンが脱離して**4**が生成し，ここで新たなC−C結合が生成したことになる．ここでのC−C結合生成反応は，Claisen縮合と同じ反応と考えて差し支えない．

反応の途中でS-CoAがS-ACPに変化しているが，これはアシル基部分がシステインを介して酵素タンパク質と結合したことを意味する．いずれにせよカルボン酸のチオールエステルであることには変わりないので，反応機構を考えると

きは，無視して構わない．4 は β-ケト酸なのでただちに脱炭酸して 5 となる．こ
こから先は，官能基変換なので詳しい説明は省略するが，最終的には 8 となって，
はじめのカルボン酸より炭素数が 2 個増えたカルボン酸誘導体ができている．こ
の反応を繰り返せば，生成するカルボン酸の炭素数は 2 個ずつ増えていくことが
理解できるだろう．

6.7 神様の生体触媒からヒトがデザインした生体触媒へ

　生体触媒すなわち酵素は，これまで目的に合うものを適当なアッセイ系を
工夫して，自然界からスクリーニングで探すものであった．今日でも新しい
酵素のスクリーニングは基本的に重要であるが，バイオテクノロジーの発展
によって，対応する遺伝子を改変することによって酵素を改変することが可
能になった．工業的な物質変換ではこれらの技術の重要性は増すものと予想
される．

　また，有機化学を学んだ者がバイオの分野の人と協力して研究を進めるこ
とは必須になると考えられる．そのとき"会話"が成り立つために，バイオ
テクノロジーに関する基本事項を知り，概観しておくのもあながち余計なこ
ととは思えないので，簡単に触れておくことにする．本節全体が［発展］と
考えていただいて差し支えない．

a．DNA の構造

　DNA の構造はすべての生物に共通である．このことはすべての生物の進
化をたどれば同じ起源に行き着くことを意味する．またバイオテクノロジー
にとって本質的に重要なことであるが，ヒトの遺伝子を大腸菌で発現できる
ことを意味する．DNA の基本単位はデオキシリボースの 1′ 位に，4 種類の
核酸塩基とよばれるヘテロ環化合物のいずれか一つが結合している単位（**ヌ
クレオシド**とよぶ）の 5′ 位がリン酸エステルとなったものである（これを**ヌ
クレオチド**とよぶ）．4 種類の核酸塩基とは，アデニン，チミン，グアニン，
シトシンでそれぞれ A，T，G，C と略記される．ヌクレオチドが他のそれと
3′ 位でリン酸エステル結合を形成してできる高分子が互いに 3′ 末端と 5′ 末
端を逆にして二重鎖となり，全体としてらせん状になっているのが DNA で
ある．

　二重らせんを形成する化学的結合力は核酸塩基間の水素結合で，必ず A−
T，G−C というペアをつくる．したがって二重鎖であるとはいえ，一方の構
造（＝核酸塩基の配列順）が決まれば，他方の鎖の構造は一義的に決まる．
後で述べるように，DNA の情報の一部を転写する役割を担うもう 1 種類の
核酸である RNA ではデオキシリボースの代りにリボースが使われている．

　DNA が"遺伝情報"として意味をもち得るのは，その構造からして核酸塩

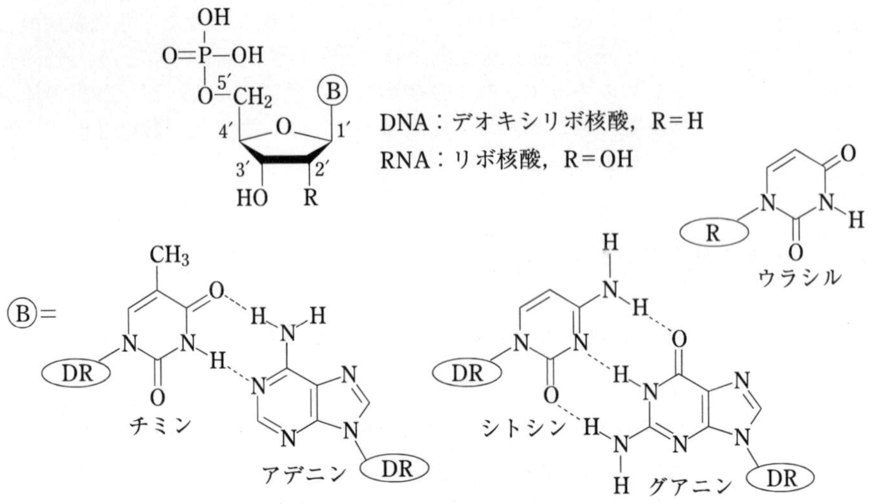
DNA：デオキシリボ核酸，R=H
RNA：リボ核酸，R=OH
チミン
アデニン
シトシン
グアニン
ウラシル

図 6.55　核酸の化学構造

基の配列順以外にあり得ない．したがって DNA の構造を表すときは，図 6.56 のように核酸塩基の記号の配列順だけを書く．DNA 表記として 1 本鎖で書くときは，図の上側の鎖を必ず 5′ 末端を左にして書く約束となっている．

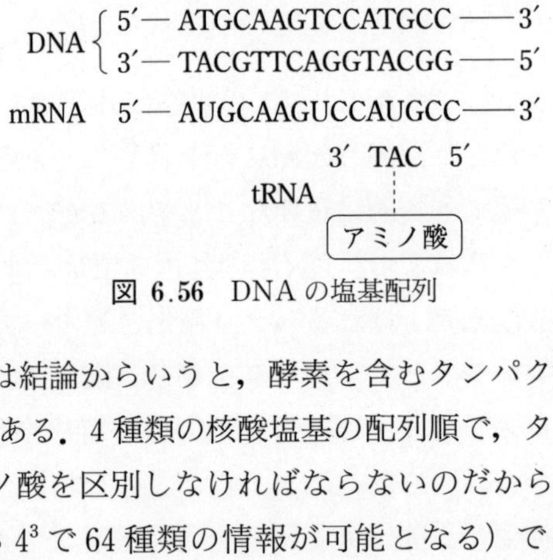
DNA
5′— ATGCAAGTCCATGCC —— 3′
3′— TACGTTCAGGTACGG —— 5′
mRNA　5′— AUGCAAGUCCAUGCC—— 3′
3′ TAC 5′
tRNA
アミノ酸

図 6.56　DNA の塩基配列

DNA の情報とは結論からいうと，酵素を含むタンパク質のアミノ酸配列を規定するものである．4 種類の核酸塩基の配列順で，タンパク質を構成する 20 種類のアミノ酸を区別しなければならないのだから 3 個の核酸塩基の組合せ（これなら 4^3 で 64 種類の情報が可能となる）で 1 個のアミノ酸をコードする．この 3 個の組合せのことをコドンとよぶ．当然多くのアミノ酸が複数のコドンによってコードされ，多いものでは 6 種類に及ぶ．

詳細は省略するが，DNA からタンパク質への流れは以下のとおりである．DNA が mRNA に転写される．このときには DNA 表記としては書かれていない方の鎖と相補的な塩基対を形成するように RNA 鎖ができていく．したがって表記されている DNA 鎖と同じ塩基配列の RNA 鎖ができることになる．ただし，RNA では DNA の T の代りに U が使われる．mRNA 鎖がリボソームとよばれる“タンパク質製造工場”ともいうべき巨大タンパク質

へ移動する．するとここで，tRNAとよばれるもう1種類のRNAの，特定部位の3個の核酸塩基を認識してペアを形成する．ここでも相補的な核酸塩基同士の組合せでペアをつくる相手が決まる．tRNA 3′ 末端には，コドンとなっている部分の塩基配列と対応するアミノ酸がエステル結合していて，これがリボソーム上で次々に連結して，ペプチド鎖ができるのである．高等生物でいえば，一つ一つの細胞に入っているDNAはすべて同じであるが，発現する部分が異なる．そのため，様々な器官の作用が違うのである．微生物でもDNAの情報が常にすべて発現されているわけではなく，生活環境に応じてコントロールされている．そのため，先に述べた構成酵素と誘導酵素の違いができるのである．

この機構からわかる非常に重要なことは，酵素のアミノ酸配列を変えたいと考えたら，対応する遺伝子の塩基配列を変えればよい，ということである．

b．遺伝子のクローニング

DNA鎖のうち，ある酵素に対応する部分をその酵素の"遺伝子"とよぶ．特定の遺伝子を他の細胞を使ってつくり出すことがクローニングである．この技術は，DNA鎖の特定の塩基配列を認識してリン酸エステル結合を切断する酵素である**制限酵素**と，環状のDNAである**プラスミド**が発見されて可能となり，1980年代から急速に発展した．現在では数多くの制限酵素が市販されており，DNAの特定部位を切り出すのは容易に行えるようになっている．

実験方法の概要は以下のとおりである．

まず，標的遺伝子を含むゲノムDNAを適当な制限酵素を利用して切断する．標的遺伝子の位置や構造がわかっている場合もあるし，まるでわからないままクローニングを試みることもある．いずれにせよ通常いくつかの断片になる．制限酵素の特徴として，切り口はまっすぐではなく2本のDNA鎖

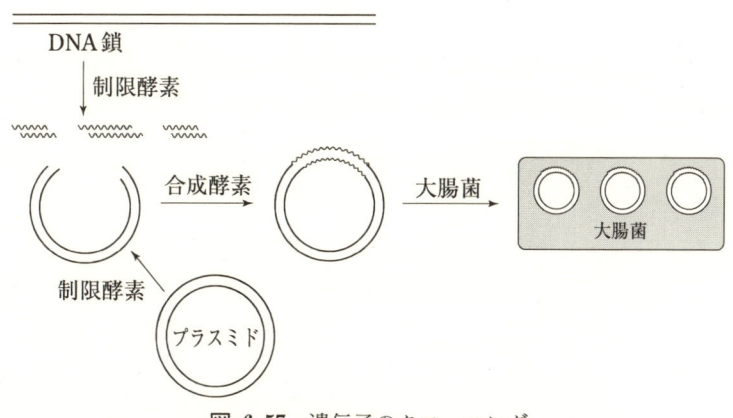

図 6.57 遺伝子のクローニング

の両端がずれている．遺伝子の運び屋（**ベクター**）ともいえるプラスミドも同じ制限酵素で切断する．同じ制限酵素を使えば，切り口の形状は両者で同じで，ぴったり一致することになる．ここが大事な点である．

　プラスミドについても，このような目的に合わせて人工的に様々に工夫したものが市販されている．

　次にこれらの混合物をリガーゼ（合成酵素）で処理すると，切り口がつながって（化学的にいえばリン酸エステル結合が生成して）ゲノムDNAの断片はプラスミドに取り込まれる．こうして新たにできたプラスミドと，これまたクローニングの為に都合のよい変異を含む大腸菌を混合して，適当な処理を施すと，プラスミドは大腸菌の細胞内に入り込む．この操作を"大腸菌を形質転換する"という．都合のよいことに，プラスミドは細胞内で複数のコピーをつくるので，遺伝子がゲノム上にあったときより酵素の生産量は増すことが多い．この大腸菌を適当な培地で増殖し，その中から目的の活性を有するものを選び出せば，目的の遺伝子を組み込んだプラスミドをもっているものである．この株を大量に増殖し，プラスミドを単離し，標的遺伝子にあたる部分のDNA配列を決めれば，酵素のアミノ酸配列も決めることができる．

　実際には上に述べたように簡単にことが運ぶとは限らない．高等生物（真核生物）の遺伝子を原核細胞に組み込んでもうまく発現しない場合ある．また，タンパク質はできるが，立体構造がもとのものとは異なり，酵素活性がない場合もある．しかし，多くの場合上に述べたプロトコールでいろいろな起源の遺伝子が大腸菌を使って発現され，酵素が取れるようになっているのである．大腸菌のほかに枯草菌やパン酵母が外来遺伝子を増やすための細胞（宿主，ホスト）として利用されている．いずれも自然環境に漏れ出た場合には，生育できないように遺伝子上に変異を加えて，万一のバイオハザードを未然に防ぐように工夫した株が使われている．

c．PCR

　PCRとはpolymerase chain reactionの略で，要するに鋳型となるDNA鎖の目的の部分だけを大量に増幅する技術である．必要なものは鋳型DNA（原理的にはたった1組の二重らせんでもよい），大量のプライマー，大量のヌクレオチド4種類，耐熱性DNAポリメラーゼである．プライマーとは増幅したい部分の3′末端と5′末端と同じ塩基配列を有するオリゴヌクレオチドで，一般的には30塩基程度の長さのものを人工的に合成する．そして肝心なものは耐熱性DNAポリメラーゼである．この酵素は二重鎖となっていないDNA鎖があると，鋳型にしたがって短い方のDNA鎖を3′の方向へ延長する反応を触媒する．

6.7 神様の生体触媒からヒトがデザインした生体触媒へ

```
(1)  鋳型 DNA   5'――――――――――――――3'
                3'――――――――――――――5'
     プライマー2種類   3'⇐5'    ヌクレオチド4種類  耐熱性DNAポリメラーゼ
                      5'➡3'
```

↓ 〜90℃に加熱し，次に70℃程度に冷却

```
(2)  5'―――――――――――――――――3'
          〜〜〜〜〜〜〜〜〜〜⇐
              ➡〜〜〜〜〜〜〜〜〜〜〜
     3'―――――――――――――――――5'
```

↓ 〜90℃に加熱し，次に70℃程度に冷却

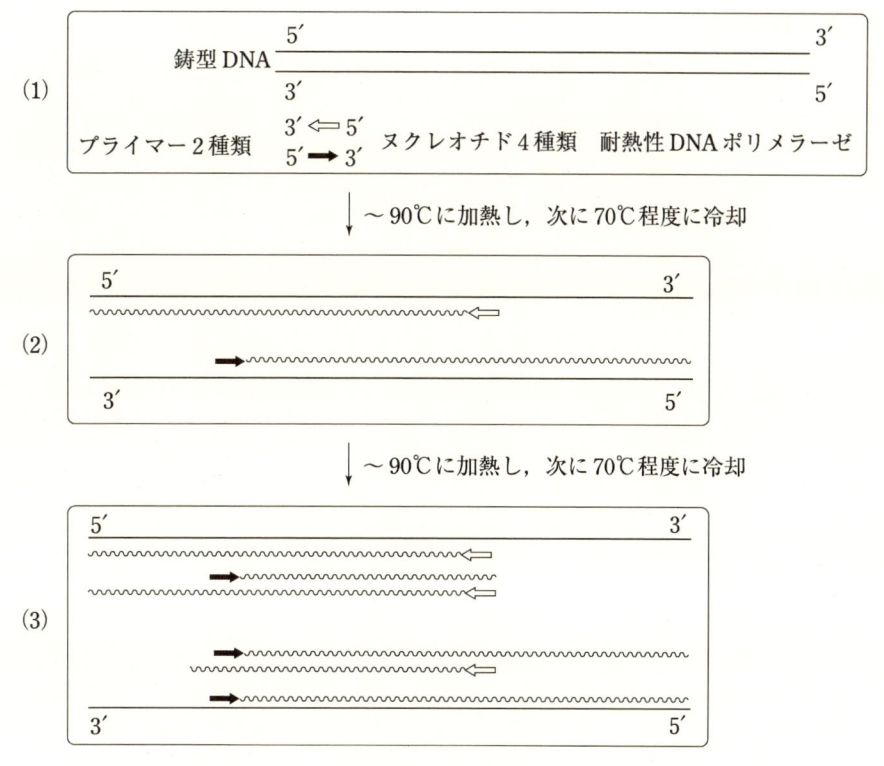

```
(3)  5'―――――――――――――――――3'
       〜〜〜〜〜〜〜〜〜〜〜〜〜〜
            ➡〜〜〜〜〜〜〜〜⇐
         ➡〜〜〜〜〜〜〜〜⇐
       〜〜〜〜〜〜〜〜〜〜〜〜〜〜
     3'―――――――――――――――――5'
```

図 6.58 PCR 概略

　さて，これらの混合物を水溶液中で90℃以上に加熱すると，DNA 塩基間の水素結合が切れて，DNA は1本鎖になる．次に70℃程度に冷却すると，再び2本鎖になるが，このときプライマーが大量にあるので，はじめの鋳型 DNA にはプライマーが結合する（図6.58 の(2)）．このプライマーが標的とした位置以外の部位に結合する可能性は極めて小さい．なぜなら必ずA-T，G-C でペアをつくるのであるから，塩基配列が30も同じ順に並んでいるところがほかになければ，目的とした位置に結合するはずである．30同じ配列がほかにある可能性は 4^{-29} である．こうして部分的に二重鎖になると，DNA ポリメラーゼが作用して 3' の方向へ DNA 鎖を延長して二重鎖とする．延長された部分は，図の(2)では波線で表している．一端が所定の箇所で切れている新たな DNA 鎖ができた．ここで，まったく同じ操作を繰り返した結果が図の(3)である．今度は所定の長さになった DNA 鎖ができていることに注目して頂きたい．もう一度この操作を繰り返すと今度は所定の長さを有する二重鎖ができることは想像できるであろう．

　PCR とは，要するに加熱冷却の繰り返しだけである．その結果，目的の長さの DNA 二重鎖が大量に得られる．この技術のおかげで，ゲノムの科学は目覚ましい進歩を遂げた．

d. 部位特異的変異

遺伝子の特定の部位の塩基を他の塩基に変え，**酵素の活性を変える**ことを部位特異的変異という．いくつかの方法が知られているが，現在もっとも頻繁に利用されている方法は PCR を利用する方法であろう．図 6.59 では増幅したい DNA 鎖を鋳型 DNA として表した．これを鋳型にして別々に PCR を行う．一方ではプライマーとして変異を含むものと左端に対応するもの，他方では同じく変異を含む他方の鎖に対応するものと右端に対応するものを使う．すると図をみていただくとわかるように，変異を含む 2 組の二重らせんができる（図 6.59 の (2)）．この 2 組の DNA 鎖の，変異を含む部分の 30 塩基対くらいは，設計してつくったプライマーに由来する部分なので，同じになっているはずである．

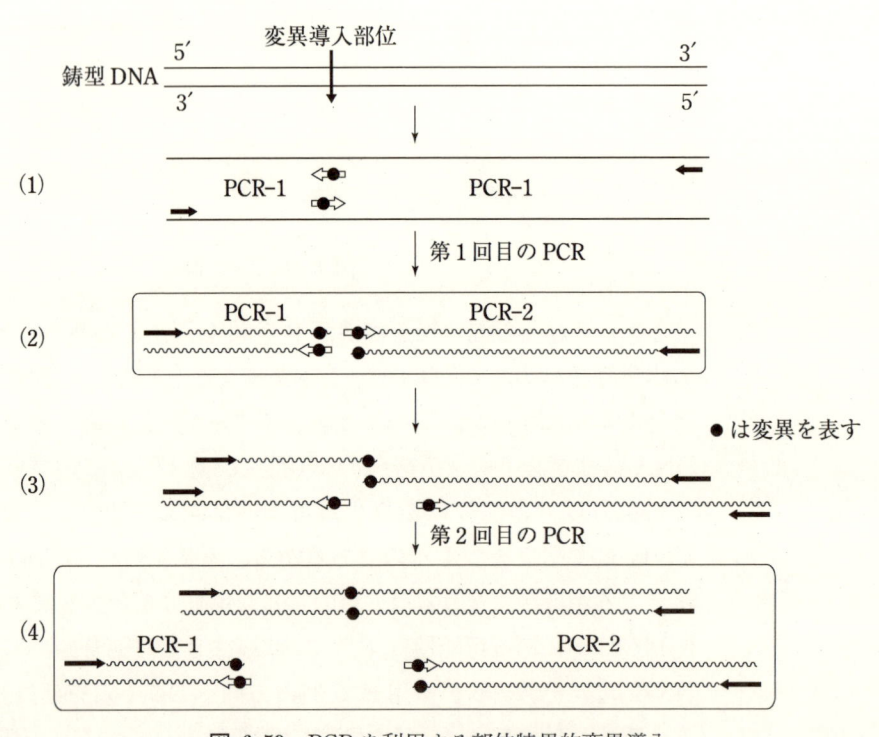

図 6.59 PCR を利用する部位特異的変異導入

次にこの 2 組を混合して，両端に対応するプライマー 2 種を加え，2 回目の PCR を行う．加熱して冷却すると図の (3) のような状態から，DNA 鎖延長反応が起こるであろう．PCR-1 と PCR-2 は同じものが再生するが，新たに完全な長さを有し，しかも目的とした変異を含む DNA 鎖が 1 本生成していることがわかる．この操作を繰り返していくと，PCR-1 と PCR-2 ははじめに加えた量以上には増えないが，目的のものだけはどんどん増えることが明らかである．

このような部位特異的変異は，このアミノ酸残基を別のものに変えれば，このような性質の変化があるだろうと期待されるときにやることになるので，酵素の少なくとも一次構造はわかっているときに行われる．酵素の性質はアミノ酸残基1個が変わるだけでも劇的に変化するので，わずか1カ所アミノ酸を変えるだけでも，様々な目的に十分有効である．反応機構の研究に利用されることが多いが，基質特異性の変化，耐熱性，pH依存性の変化など，酵素の性質を改変し，物質変換に利用する場合にも最近ではよく利用されるようになってきた．

e．ランダム変異と進化分子工学

酵素の構造が立体構造を含めてわかっていても，どのアミノ酸をどのように変えれば，意図するように酵素の性質が変化するか予想できない場合は少なくない，というよりむしろその方が一般的である．このような状況で有効なのが**ランダム変異**である．ランダムといっても遺伝子のアミノ酸残基が10個も一度に変わってしまっては，酵素活性自体が失われることはほぼ間違いない．変異箇所が1個ないしせいぜい2個であることが望ましい．

このようなことを実現する方法として，エラープローンPCRと特別な大腸菌を使う方法がある．前者はPCRの際水溶液の塩濃度などを調整することにより，わざと間違いが入るように仕組む方法である．後者はある特定の大腸菌にプラスミドを導入するとコピーができるときにある確率で変異が入ることを利用するものである．

このようにまったくランダムに遺伝子の1，2カ所に変異を入れることができると，場合によってはアミノ酸の表現型は変わらないこともあるが，アミノ酸のレベルで変化することの方がはるかに多く，何らかの性質の変化が期待される．どのような変化が起こるかは予想できないが，多くの変異株の中から望みの性質が改良されているものを何らかのアッセイ法を工夫してみつけることは可能である．このとき，ある性質が改良された変異株をたまたま3株みつけることができたとき，同じ部位に変異が入っているとは限らない．別の箇所に変異が入っていたら，その好ましい変異が2カ所同時に入った変異株をつくることは部位特異的変異を使えば容易に達成できる．

また，変異導入とはDNAの塩基を1個別のものに変えることであるから，表現型としてはもとのものと違う19個のアミノ酸がすべて現れる可能性はない．そこで生じた変異と性質を検討して，ランダム変異ではつくりようがない変異株を部位特異的変異の手法でつくり，その性質を調べることもよく行われる．

こうしてできた好ましい変異株を2度目のランダム変異にかければ，さらに強化された変異株がみつかる可能性もある．このようにして変異とスク

リーニングを繰り返し，酵素の性質を好ましい方向へ変化させていくことは，まさに進化そのものであり，これを人工的にダーウィン進化よりはるかに速いスピードで行うことになる．この方法を**進化分子工学**とよび，酵素の改良に有力な手段となっている．

6.8 抗原抗体反応と抗体への触媒機能の付与

抗体とは，哺乳類が外からの侵入者に対して自己を守るためにつくるタンパク質である．"外からの侵入者＝抗原"（ウィルス，タンパク質など）と非常に強固に結合する．ところが外からどんなものが侵入してくるか予め予想することはできないのだから，抗体産生細胞の DNA は非常に変異を起こしやすく，事実上どんな抗原がきても対応できるほど抗体の種類は多い．この多様性を活かして，反応の触媒として利用しようというのが，触媒能を有する抗体，すなわち**触媒抗体**である．いわば，化学的な反応機構の考察とバイオテクノロジーの融合による成果であるといえる．

a. 抗体タンパク質と抗体産生細胞

抗体産生細胞は哺乳類の骨髄でつくられる造血幹細胞という細胞から分化してできる細胞である．造血幹細胞のときには分裂能を有するが，それ自体は分裂能をもたない．極めて変異を起こしやすく，非常に多くの種類（10^{12} 程度といわれる）の抗体タンパク質をつくる．そのうち，自己が有するタンパク質などと抗原抗体反応を起こすおそれのないものだけが，胸腺という器官で選別され，血液中に出現し，脾臓に蓄積される．体内に"異物"が侵入したとき，強く結合してその異物を体外へ排除する役割を担う．

抗体が結合する相手は分子量が大きい物質に限られ，実際にはタンパク質やウィルスである．ときには反応しなくてもよいものにも戦いを挑むことがあって，そのような抗体を産生するヒトを悩ませる．花粉症などは典型的な例である．自己免疫疾患はもっと深刻で，難病とされている．その一方，腸壁では様々なタンパク質が"栄養"として吸収されるにもかかわらず，抗原抗体反応は起きないなど，まだわからないことも多い．

b. 酵素の反応加速能と抗体への触媒能の付与

酵素が反応を加速するメカニズムは，一般の化学反応とは異なることが多い．たとえばルイス酸のように，基質のカルボニル酸素に作用して炭素の電子密度を下げる，というような出発物質を活性化する機構ではないことがほとんどである．

では，どんなからくりかというと，遷移状態と強く結合して，そのポテンシャルエネルギーを下げる作用があると考えられている．原系の構造を認識

6.8 抗原抗体反応と抗体への触媒機能の付与

して酵素活性部位内に取り込むにもかかわらず，それとはかなり形の違う遷移状態とより強く結合するとは，にわかには信じ難いことであるが，間違いなさそうである．

もしそうだとすると，反応の遷移状態と強く結合できる抗体をつくることができれば，その反応を加速するのではないかと期待できる．話としては確かにそのとおりであるが，これまで述べてきた抗体の性質，遷移状態というものの本質から，この期待は到底実現し得ないことは明らかである．しかし，実際には反応加速能すなわち触媒能を有する抗体タンパク質はつくられたのである．クリヤーしなければならないいくつものハードルとその方法を，加水分解反応（図6.60）を例にして順に追っていこう．

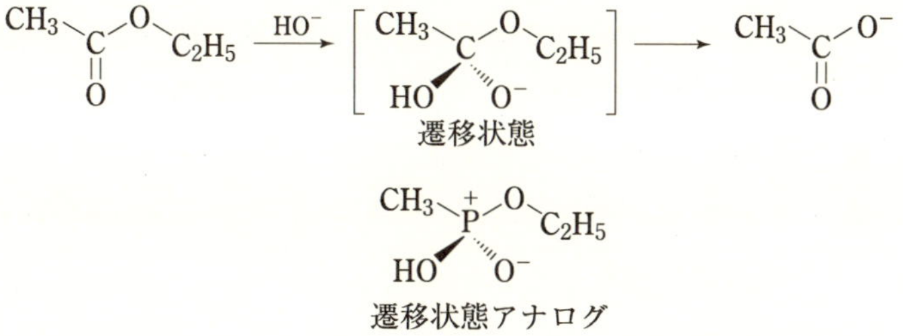

図 6.60 エステルの加水分解反応機構と遷移状態アナログ

抗原は安定な化合物でなければならないのに，遷移状態は寿命のある化学種ではない．この問題の解決法は，抗原として遷移状態と立体的，電子的に似た構造の安定な化合物を使う．化学の知識が必須である．加水分解の場合には，テトラヘドラルな形をした，ホスホン酸エステルを使う．これなら安定である．

抗原は高分子でなければならないのに，ホスホン酸エステルは低分子化合物である．ホスホン酸エステルのままでは，単に排泄されるか，分解後排泄される．これを高分子とするためには，答えは簡単で高分子と共有結合で連結する．要するにテトラヘドラルな部分構造が残っていればよいのであるから，エステル部分を利用していくつかのメチレン鎖のスペーサーを介して，多くの場合アルブミンというタンパク質と結合させる．このようにしたとき，アナログの部分をハプテンとよぶ．これで抗原の方はどうやらできたことになる．次は抗体および抗体産生細胞の問題である．

c. 細胞融合とモノクローナル抗体

抗体産生細胞は分裂能をもたないという決定的な短所を有する．これでは抗体触媒を必要量入手するのは諦めなければならない．この解決策はバイオテクノロジーの成果を利用する．細胞融合である．細胞融合とは分類学的に近い細胞にある処理を施して，接触させ，2個の細胞を単一の細胞に融合さ

せる技術である．このとき互いのDNAも融合し，次の世代の細胞は，両者の性質を合わせもつようになることが多い．

では，分裂能を付与するにはどうすればよいだろうか．分裂能の大きい細胞と融合させる以外に手はなさそうである．がん細胞である．抗体産生細胞は造血幹細胞から分化しているので，分類学的に近い，がん化した骨髄細胞すなわちミエローマ細胞をお見合の相手として見事に成功し，分裂能を有する抗体産生細胞がつくられた．

優れた触媒の選択はどうするか．先に述べたように抗原は遷移状態のアナログとアルブミンが結合したものである．抗体は高分子を丸ごと取り込むのではない．いわば，どこか一部にかじりつくのである．したがって，遷移状態のアナログの部分にかじりつくものをスクリーニングでみつけなければならない．これは，遷移状態アナログと特別高い親和性を有することを利用して，アフィニティクロマトグラフで単離する．このようにして，高分子の特定部位に結合する抗体となったものをモノクローナル抗体とよぶ．

触媒抗体であることの条件は，反応加速能が高いこと，遷移状態アナログで阻害されることの二つである．

d．触媒抗体の特徴

触媒抗体の特徴は何といってもテーラーメイドである点である．基質と反応にあう酵素を探すのと違って，それに都合のよい触媒機能のあるタンパク質をつくってしまうのであるから，大変魅力的な方法である．

しかし重大な欠点もある．一つは，あくまで結合定数の大きなタンパク質ができるのであって，酸や塩基触媒を含めて反応の触媒ではない．したがって一般的には，酵素と比べると活性は小さい．動力学的にいえば，活性化エントロピーは著しく下げるが，活性化エンタルピーへの効果がまだ不十分である．また，遷移状態の形と生成物の形が似ていると，生成物阻害が起こりやすく，生産性が悪い．

多くの場合真核生物でつくった遺伝子を原核生物を使って発現させようとしているので，タンパク質量が十分でないことも少なくない．さらにがん細胞と融合したとはいえ，分裂能は低く，大スケールの変換に使える量の抗体をつくることは容易ではない．現在までのところ工業スケールでの応用例はない．

欠点は多いものの本質的に触媒をデザインできることは大変魅力的で，今後どんどん改良されることが期待される．

● 6章のまとめ

(1) 酵素は生体内で，自らが相手をすべき唯一の化合物をきちんと見分けて，適切な反応を促進する．したがって，基質と酵素の関係は1：1の厳密な対応があり，"鍵と鍵穴の関係" と信じられてきた．ところが最近になって，酵素は合成化合物に対しても案外作用することがわかってきた．したがって合成化合物を変換するための触媒としても利用することが可能で，このような使い方をするとき酵素や微生物菌体を "生体触媒" とよぶ．

(2) 生体触媒の特徴としてとくに重要なことは，ミクロな意味でもマクロな意味でもキラルであること，したがって基質のキラリティ，プロキラリティを識別することができること，活性部位は一般に疎水性であることなどである．また，酵素は特異な三次元構造をとっているが，この立体配座はある程度のしなやかさ (flexibility) をもっていて，立体配座を意図的に変化させると反応の選択性を変えることも可能である．

(3) 酵素は主として光学活性体の合成に利用されていて，ラセミ体の速度論的光学分割，プロキラル化合物およびメソ化合物からの光学活性体への変換が可能である．

(4) 反応としては，加水分解反応，その逆のエステルやペプチドの合成反応，エステル交換反応，酸化，還元，C—C結合の生成や切断反応がおもなものである．

● 6章の問題

[6.1] 酵素および酵素反応について正しいものには○，誤っているものには×をつけなさい．

(1) 酵素はどんなものでも70℃以上に加熱すると失活する．
(2) 酵素を触媒としてプロキラル面を有する化合物を還元すると，常に光学活性体が得られる．
(3) K_m の値が小さいほど酵素と基質の親和性は大きい．
(4) 酵素は，基質分子より反応の遷移状態を強く認識する．
(5) DNAの塩基1対をほかのものに変えると，酵素のアミノ酸配列も必ず変化する．
(6) 酵素は結晶化することができる．
(7) 既知の酵素の平均分子量は約1万である．
(8) 酵素に基質が結合すると，コンホメーションが変化することがある．
(9) プラスミドは環状のDNAである．

(10) PCR に必要十分なものは，鋳型 DNA，2 種類のプライマー，4 種類のヌクレオチドである．

[6.2] 以下の語句について簡潔に説明しなさい．

(1) エナンチオ場選択性とエナンチオ面選択性，(2) 動的光学分割とデラセミ化反応，(3) 触媒 3 点セット，(4) リパーゼ，(5) 補酵素，(6) 遺伝子のクローニング，(7) 部位特異的変異，(8) β 酸化経路，(9) 微生物変換と発酵，(10) 生体触媒．

[6.3] 以下の光学活性体を酵素反応でつくりたい．基質としてもっとも適当と思われるプロキラル化合物あるいはメソ化合物の構造を示しなさい．

[解答]

[6.1] (1) × (2) × (3) ○ (4) ○ (5) × (6) ○ (7) × (8) ○ (9) ○ (10) ×

[6.2] (1)～(4) 本文参照．(5) 特定の酵素とともに基質に作用する低分子化合物．タンパク質に可逆的に結合する．基質や作用が異なる酵素でも共通の補酵素を使うことは多い．ビタミンとして知られている化合物には補酵素が多い．(6)～(10) 本文参照．

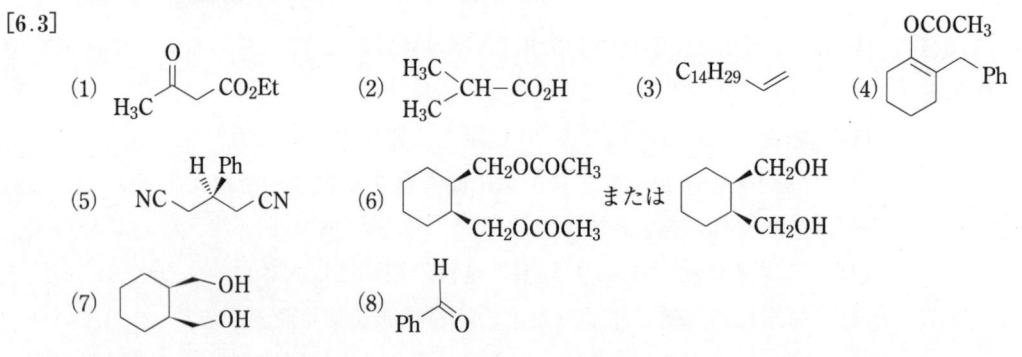

[6.3]

索引

あ 行

アシル酵素中間体　104,109
アセチル CoA　39
アブシジン酸　75
アポトーシス　80
アミダーゼ　112
アミノアシラーゼ　115
アミノアシル-tRNA　17
アミノ基転移反応　51,129
アミノ酸　5,129
アミン系ホルモン　66,68
rRNA　13
RNA　13,34,136
RNA ポリメラーゼ　1
アルコールデヒドロゲナーゼ
　　116
アルドラーゼ　131
アルドール反応　130
α-ケト酸　129
α 酸化　49
α ヘリックス構造　27
アンチコドン　14,15

ES 複合体　23
イソプレノイド　33,48,50,131
イソ酪酸の水酸化　123
遺伝暗号　15,18
遺伝子　137

ウンデカプレノール　34

エステラーゼ　103
エステル交換反応　105,108
エタノール発酵　57
エチレン　76
ATP　45
エナンチオ選択的　6
エナンチオ場区別反応　107

エナンチオ面区別反応　107
NADH　40
NADPH　43
エノールエステル　112
$FADH_2$　40
エポキシド　113
mRNA　13
エラープローン PCR　141
塩基配列　2

オキシアニオンホール　105
オキシダーゼ　116
オキシニトリラーゼ　132
オーキシン　73

か 行

解糖系　8,38,41,44,60
化学浸透圧説　43
鍵と鍵穴の関係　100
核酸合成　43
加水分解反応　103
カルシウム代謝　96
カルス細胞　101
カルビンサイクル　60
カロテノイド　32
環境ホルモン　68
還元型補酵素のリサイクル　128
感染特異的タンパク質　82

機能タンパク質　27
逆転写酵素　17
極性アミノ酸　25

クラウンゴール　76
グリコシダーゼ　114
グリセルアルデヒド-3-リン酸
　　42
グリセロール　45
グリーンケミストリー　9

クローニング　137
クロロフィル　58,61
クロロプラスト　58,61

形質転換　138
血液凝固作用　96
ゲノム DNA　137
原子効率　9

高エネルギー化合物　35
光学活性スルホキシド　123
抗原　142
抗酸化作用　89
構成酵素　103
合成酵素　138
酵素　19
構造タンパク質　27
酵素-基質複合体　21
抗体　142
抗体産生細胞　142
コエンザイム Q　43
呼吸鎖　43
コドン　136
コラーゲン　28,61
コレステロール　31,48

さ 行

細菌の細胞壁　28
サイクリック AMP　35
最大反応速度　23
サイトカイニン　75
細胞融合　143
酸素添加酵素　120

シアノヒドリン　111
シアン化物イオン　132
シッフ(Schiff)塩基　52
シトクロム　59
シトクロム c　43

シナプスニューロン　72
ジベレリン　75
脂肪酸合成　43
脂肪酸の生合成　134
就眠-覚醒運動　77
宿主　138
脂溶性ビタミン　85
情報伝達物質　70
触媒抗体　101, 142, 144
触媒3点セット　104
植物ホルモン　73
女性ホルモン　67
進化分子工学　141, 142
神経細胞　71
神経伝達物質　68, 72

水素結合　2
水素原子のシャトル　86
水溶性ビタミン　85
ステロイド系ホルモン　32, 65, 66
ステロイドの水酸化　121
スルフィド　123

制限酵素　137
生体触媒　101
性ホルモン　66, 67
生理活性物質　63
セルロース　29
セントラルドグマ　14

造血幹細胞　142
相補的塩基対　12
速度論的光学分割　106
疎水性アミノ酸　25
疎水的な反応場　6
ソルボース発酵　118

た　行

他感作用物質　64
脱アミノ反応　51, 52
脱炭酸反応　51, 53
男性ホルモン　67
炭素原子のシャトル　90
炭素-炭素結合の開裂　90
炭素-炭素結合の生成　130
炭素-炭素二重結合の還元　127

タンパク質の一次構造　19
タンパク質の三次構造　102

チアミンピロリン酸　133
窒素原子のシャトル　92
チラコイド膜　58, 59

tRNA　13
DNA　1, 11, 34, 135, 136
DNA ポリメラーゼ　138
TCA サイクル　6, 39, 40, 44
デオキシリボ核酸　3, 34
　　→DNA も見よ
デオキシリボース　11
デラセミ化反応　124
電解質コルチコイド　66
電子伝達系　39, 41
転写　14
デンプン　29, 38

糖質コルチコイド　66, 67
動的光学分割　110
動的平衡　1
動物ホルモン　64
トランスケトラーゼ　134
ドリコール　33

な　行

内分泌攪乱物質　68

ニコチンアミド型補酵素　87
二重らせん　1, 135
ニトリラーゼ　112
ニトリル　112
ニトリルヒドラターゼ　112
乳酸発酵　57
尿素サイクル　54

ヌクレオシド　135
ヌクレオチド　4, 35, 135

は　行

biotransformation　101
発現型　4
発酵　45, 55, 57, 101

ハプテン　143
パン酵母　125

光化学系 I（PS I）　59
光化学系 II（PS II）　58
光感受機能　94
PCR　138
微生物変換　101
ビタミン　82
ビタミン C　118
必須アミノ酸　50
ビニルエステル　109
ピリドキサールリン酸　129
ピルビン酸　38
ピルビン酸脱炭酸酵素　133
$b6f$ 複合体　59

ファイトアレキシン　82
部位特異的変異　140
フェノタイプ　4
フェロモン　64, 78
プライマー　138
ブラシノライド　76
プラスミド　137, 138
flexibility　7
Prelog 則　126
プロキラル化合物　107
プロキラル炭素　107
プロキラル中心　107
プロスタグランジン　31
プロトン濃度勾配　43
分子認識　102

ベクター　138
β 構造　27
β 酸化　45, 49
β 酸化経路　119
ペプチド系ホルモン　66, 69
ペプチド結合　19
変性　102
ベンゼン環の酸化　124
ペントースリン酸サイクル
　　41, 60

補酵素　83, 115
ホスト　138
ホスホノマイシン　120

ポルフィリン環　58
ホルモン　64
翻訳　14

ま　行

マロニル CoA　31, 47
マンナン　29

ミカエリス定数　23
ミカエリス-メンテンの式　21, 23
味覚細胞　30
ミトコンドリア　43

メソ体　106

モノオキシゲナーゼ　120

や　行

誘導酵素　103
誘導剤　103
ユビキノン　33

葉緑体　58

ら　行

ランダム構造　27
ランダム変異　141

リガーゼ　138
リパーゼ　103
リブロース-1,5-ビスリン酸　60

リボ核酸　3, 34
　　→RNA も見よ
リポキシゲナーゼ　122
リボザイム　21
リボース-5-リン酸　42
リボソーム　136
リボフラビン型補酵素　87
リン酸エステル結合　4
リン脂質　31

レチナール　33
レチノイン酸　33
レチノール　32
レトロアルドール反応　8

ロイシン-ジッパー　28

著者略歴

太田博道（おおた ひろみち）
1942年　満州に生まれる
1970年　東京大学大学院理学研究科博士
　　　　課程修了
現　在　慶應義塾大学理工学部生命情報
　　　　学科　教授
　　　　理学博士
〔専攻科目〕生体反応論，酵素有機化学，
　　　　　　生命化学

古山種俊（こやま たねとし）
1945年　静岡県に生まれる
1973年　東北大学大学院理学研究科博士
　　　　課程修了
現　在　東北大学多元物質科学研究所融
　　　　合システム研究部門　教授
　　　　理学博士
〔専攻科目〕生物有機化学

佐上　博（さがみ ひろし）
1949年　神奈川県に生まれる
1978年　東北大学大学院理学研究科博士
　　　　課程修了
現　在　東北大学多元物質科学研究所融
　　　　合システム研究部門　助教授
　　　　理学博士
〔専攻科目〕生物有機化学

平田敏文（ひらた としふみ）
1944年　広島県に生まれる
1972年　広島大学大学院理学研究科博士
　　　　課程修了
現　在　広島大学大学院理学研究科数理
　　　　分子生命理学専攻　教授
　　　　理学博士
〔専攻科目〕生物化学，生体機能化学

21世紀の化学シリーズ4
生　命　化　学

定価はカバーに表示

2005年11月15日　初版第1刷

著　者　太　田　博　道
　　　　古　山　種　俊
　　　　佐　上　　　博
　　　　平　田　敏　文
発行者　朝　倉　邦　造
発行所　株式会社　朝倉書店
　　　　東京都新宿区新小川町6-29
　　　　郵便番号　162-8707
　　　　電話　03(3260)0141
　　　　FAX　03(3260)0180
　　　　http://www.asakura.co.jp

〈検印省略〉

© 2005 〈無断複写・転載を禁ず〉

中央印刷・渡辺製本

ISBN 4-254-14654-X　C3343

Printed in Japan

神奈川大 松本正勝・神奈川大 横澤 勉・ お茶の水大 山田眞二著 21世紀の化学シリーズ2 **有 機 化 学 反 応** 14652-3 C3343　　B 5 判 208頁 本体3600円	有機化学を動的にわかりやすく解説した教科書。〔内容〕化学結合と有機化合物の構造／酸と塩基／反応速度と反応機構／脂肪族不飽和化合物の反応／芳香族化合物の反応／カルボニル化合物の反応／ペリ環状反応とフロンティア電子理論他
酒井清孝編著 望月精一・松本健志・谷下一夫・ 石黒 博・氏平政伸・吉見靖男・小堀 深著 21世紀の化学シリーズ14 **化 学 工 学** 14664-7 C3343　　B 5 判 212頁 本体3600円	化学工学の基本現象である流動・熱移動・物質移動・化学反応について，身近な実例を通して基礎概念を理解できるようわかりやすく解説。〔内容〕化学工学入門／流れ／熱の移動／物質の移動／化学反応工学／物質移動を伴う化学反応工学
吉田潤一・水野一彦編著 石井康敬・大島 巧・ 太田哲男・垣内喜三・勝村成雄・瀬恒潤一郎他著 役にたつ化学シリーズ5 **有 機 化 学** 25595-0 C3358　　B 5 判 184頁 本体2700円	基礎から平易に解説し，理解を助けるよう例題，演習問題を豊富に掲載。〔内容〕有機化学と共有結合／炭化水素／有機化合物のかたち／ハロアルカンの反応／アルコールとエーテルの反応／カルボニル化合物の反応／カルボン酸／芳香族化合物
首都大 伊与田正彦編著 **基 礎 か ら の 有 機 化 学** 14062-2 C3043　　B 5 判 168頁 本体3200円	大学初年生用の有機化学の教科書。〔内容〕有機化学とは／結合の方向と分子の構造／有機分子の形と立体化学／分子の中の電子のかたより／アルカンとシクロアルカン／アルケンとアルキン／ハロゲン化アルキル／アルコールとエーテル／他
荒木幹夫・松本 澄・片桐孝夫・内田高峰・ 高木謙太郎著 **有 機 化 学 の 基 礎** 14027-4 C3043　　A 5 判 256頁 本体4500円	教養課程学生向きに有機化学の基礎を解説。〔内容〕有機化合物のなりたち・種類と性質／有機反応のしくみ（反応の基本的原理，求電子付加反応，転位反応，求核付加反応，酸化・還元，ラジカル反応）／高分子化合物の化学／生体関連物質
H.F.ギルバート著 太田英彦・原 諭吉訳 ベーシック コンセプト **生 化 学** 17095-5 C3045　　A 5 判 340頁 本体4500円	重要な基本概念を項目としてわかりやすく解説。〔内容〕タンパク質の構造／DNAとRNA／遺伝情報と発現／酵素と反応速度／解糖と糖新生／TCA回路／電子伝達系と酸化的リン酸化／エネルギー代謝／窒素代謝／pHとpK_a／用語集／他
創価大 一島英治著 現代応用化学シリーズ5 **酵 素 の 化 学** 14555-1 C3343　　A 5 判 216頁 本体4300円	工学的応用にも重点をおいた酵素化学の標準的入門書。〔内容〕酵素反応の特性／構造／基質特異性／反応速度論／活性中心／活性調節／社会へのインパクト／固定化酵素とバイオリアクター，バイオセンサ／医療と酵素／食品工業と酵素
小野寺一清・駒野 徹・千葉誠哉・水野重樹・ 山崎信行編 **生 物 化 学** 43087-6 C3061　　B 5 判 292頁 本体5800円	生体の構成・生体反応の機能から遺伝子組換えや遺伝子操作まで生物化学の基礎から最先端までを初学者にも理解できるように平易かつ詳しく解説。〔内容〕生体構成物質／生体反応の基礎／代謝／遺伝情報の伝達と発現／高次生命現象の生化学
江戸川大 太田次郎編 **バ イ オ サ イ エ ン ス 事 典** 17107-2 C3545　　A 5 判 376頁 本体12000円	生物学，生化学，分子生物学，バイオテクノロジーとバイオサイエンス（生命科学）は広い領域に渡る。本書は，研究者，教育者，学生だけでなく，広く関心のある人々を対象とし，用語の定義を主体とした辞典でなく，生命現象や事象などについて具体的解説を通して，生命科学を横断的にながめ，理解を図る企画である。〔内容〕生体の成り立ち／生体物質と代謝／動物体の調節／動物の行動／植物の生理／生殖と発生／遺伝／生物の起源と進化／生態／ヒトの生物学／バイオテクノロジー
前埼玉大 石原勝敏・前埼玉大 金井龍二・東大 河野重行・ 前埼玉大 能村哲郎編集代表 **生 物 学 デ ー タ 大 百 科 事 典** 〔上巻〕17111-0 C3045　B 5 判 1536頁 本体100000円 〔下巻〕17112-9 C3045　B 5 判 1196頁 本体100000円	動物，植物の細胞・組織・器官等の構造や機能，更には生体を構成する物質の構造や特性を網羅。又，生理・発生・成長・分化から進化・系統・遺伝，行動や生態にいたるまで幅広く学際領域を形成する生物科学全般のテーマを網羅し，専門外の研究者が座右に置き，有効利用できるよう編集したデータブック。〔内容〕生体構造（動物・植物・細胞）／生化学／植物の生理・発生・成長・分化／動物生理／動物の発生／遺伝学／動物行動／生態学（動物・植物）／進化・系統

上記価格（税別）は 2005 年 10 月現在